北京四合院

BEIJING
COURTYARD

陆翔 王其明 著 第二版

此书第一版曾荣获第八届中国优秀科技图书奖二等奖

U0300526

中国建筑工业出版社

古都韵 北京情

葛剑平

二〇一六年六月二十五日

葛剑平

全国政协常委、民盟中央副主席、北京市政协副主席、民盟北京市委主委、北京师范大学副校长、教授、北京师范大学博士生导师

贺《北京四合院》出版

学术探索无止境
民居研究谱新篇

陆元鼎
壬辰年夏

二〇一六年九月

陆元鼎
华南理工大学教授，博士生导师，中国传统民居建筑专业学术委员会主任委员，中国民族建筑研究会副会长，中国文物学会常务理事，中国建筑学会理事、建筑史学分会副会长。曾任华南理工大学建筑系副主任，

序一

北京四合院是中国传统民居建筑中一朵绚丽的奇葩。在一定的社会条件下，它可以为人们提供宁静、舒适、宽敞、优雅的居住环境。而此种富于诗意的栖居形式却并非所有古代民居都能具备。设想，夕阳西下，凉风习习，石榴树下，金鱼缸边，一家人团聚庭院，品茶闲话，亲情洋溢，其乐融融，这是何等的人间乐事！

就其形制而言，北京四合院还与其所在的胡同、街坊、城市形成同构，成就其严谨、规整、大方、有序的格局，充溢着中华民族贯串古今的忠孝仁义礼乐典范。

北京四合院还广泛影响着中华大地上一大片合院体系的民居建筑。北起东北，南迄云贵，各式各样类四合院民居广布大地，都或多或少受到北京四合院的影响。例如云南大理白族民居"三坊一照壁"、"四合五天井"等完全可以看作是北京四合院的近亲兄弟。

由于近现代我国人口急增，城市化发展迅猛，社会生活条件发生了巨大变化，北京四合院在很大程度上已经不能完全适应现代社会生活的发展需求。但作为我国传统民居的一份宝贵遗产，对其进行深入研究，汲取其合理内核及创作手法，作为设计新民居的参考，仍是当代建筑师义不容辞的责任。同时，对部分优秀四合院理应视作传统建筑文化遗产实例予以保护，这也是我国当前城乡建设中必须贯彻的措施。由此，本书的出版对于我国传统建筑的传承借鉴无疑具有巨大的意义。

本书作者陆翔、王其明两位先生乃是殚精竭虑长期研究北京四合院的知名学者。王其明先生50年代初毕业于清华大学，后师从梁思成先生攻读研究生学位，钻研古建技艺。其后入建筑科学研究院继续研究古建筑，协助刘致平先生等人梳理古建资料，笔耕不辍。曾代表建筑科学研究院在全国科学大会上作过"浙江民居"学术报告，精彩绝伦，轰动一时。"文革"后转入教育界，在古建领域教书育人，成就非凡。陆翔先生则是中国建筑界中自青年时代起就潜心钻研北京四合院的英华。早年他在王其明先生指导下，遍访北京有代表性的四合院建筑，心得至丰，至今三十余年仍未有所松懈。他对北京四合院的了解可谓如数家珍，历历在胸。

二十年前，我有幸充当本书（第一版）的责任编辑，协助两位先生出版了本书。期间，读稿中学到了很多有关北京四合院的真知灼见，得益匪浅。如今，经两位先生再度精心加工，本书第二版即将出版，这是我国建筑出版领域的又一大好事。当今，城乡建设事业的滚滚热潮中，恰当传承优秀文化遗产已成为我国建筑界同仁的共识。相信本书的再版必将为此作出应有的贡献。

王伯扬

中国建筑工业出版社编审、原副总编辑

于2016年2月　时年七十又八

序二

作为拥有3000多年建城史、800多年建都史的古都，北京这个中国的历史文化名城是中华文明的一张金名片。在这座古老而又充满现代化气息的城市中，至今仍保留着珍贵的古都风貌和建筑文化遗产，北京城本身就是一座巨大的中国古建筑博物馆，这些宝贵的建筑文化遗产是世界建筑宝库中灿烂的明珠。作为传统的住宅，北京四合院历史悠久、型制规整、装饰典雅，被人们誉为中国民居的杰出代表，是中华传统文化的载体。但是随着北京城市的快速发展建设，北京四合院也未能幸免，遭到拆除和破坏，现存北京四合院也存在着房屋建筑陈旧、基础设施老化等诸多问题，无法满足首都社会、经济发展的需求。如何保护、修复和改造老城区的街巷胡同及四合院是我们面临的重大研究课题。

《北京四合院》一书以时间为线索，对传统北京四合院进行了考证，对现存北京四合院进行了调查，对未来北京四合院和谐发展进行了探索。该书史料翔实、调查深入、结构完整、研究系统，是一部高水平的学术力作，相关研究成果对织补历史景观，对于留住和修复北京独特的古都风貌、建筑风格等"基因"具有重大意义。作者陆翔老师热爱京城、热爱建筑、热爱北京建筑大学，长期从事北京四合院研究，不计名利，教书育人，潜心学问，日积月累，自觉成为古都北京的保护者、宜居北京的营造者。1997年6月，我校教师陆翔和中国民居大师王其明先生合著的《北京四合院》一书，荣获了中国新闻出版总署颁发的"全国优秀科技图书二等奖"，2015年春，中国建筑工业出版社决定资助此书再版。欣闻即将付梓，特此表示热烈祝贺！

北京建筑大学的建筑学科始于1907年成立的京师初等工业学堂的木工科，在古建筑人才培养和建筑遗产保护领域历史悠久，研究造诣深厚，从20世纪50年代中期，就开展了北京传统民居方面的研究。我坚信，作为北京市和住建部共建高校、北京地区唯一的建筑类高校、国家建筑遗产保护研究和人才培养基地、"建筑遗产保护理论与技术"博士项目单位，我校一定能在建筑文化遗产保护方面培养高质量人才，取得高水平创新成果，留住和修复北京特有的古都风貌、建筑风格等"基因"，为保护北京古都风貌、建设国际一流和谐宜居之都作出新的、更大的贡献，建设具有鲜明建筑特色的创新型北京建筑大学。

北京建筑大学校长
中国城市科学研究会副理事长
2016年6月26日

再版说明

北京是一座世界著名的历史文化名城。在这古老而又充满现代气息的国际化大都市里，至今仍保留着拥有数百年历史的民居建筑——北京四合院。作为传统的住宅，北京四合院风格质朴，造型典雅，形制规范，积沉深厚，被人们誉为中国民居的杰出代表，也是世界建筑文化遗产中的宝贵财富。为了记录历史，传承文化，1996年中国建筑工业出版社出版了我们的学术专著——《北京四合院》。

岁月如梭，时光荏苒。距《北京四合院》面世已经过去了二十余年。期间，旧城改造使北京传统街区发生了许多变化，经验与教训值得总结。2012年春，承蒙中国建筑工业出版社推荐，中国新闻出版总署将《北京四合院》列为中国对外文化交流图书再版项目，我们深感责任重大，使命光荣。在再版的写作过程中，根据形势的发展，我们对原著进行了增补，包括"北京四合院装饰"、"当代北京四合院调查"、"未来北京四合院和谐发展"等内容，出版社费海玲主任提供了热情的帮助，现已付梓，奉献给尊敬的读者。

《北京四合院》再版一书是几代人辛勤耕耘的结果。1958年，现任中国建筑大师王其明先生在中国著名建筑学家梁思成先生的指导下，完成了《北京四合院住宅调查分析》专题，开创了研究北京四合院的先河。20世纪90年代，本人师从王其明先生，撰写了硕士研究生毕业论文《北京四合院研究》，后由王伯扬先生指导，出版了《北京四合院》一书，并于1997年荣获了第八届全国科技优秀图书二等奖。21世纪初，本人有幸在民盟北京市委和西城区政协任职，在王维诚主委、葛剑平主委、朱尔澄副主委的领导下，本人带领研究生参与了古都风貌保护方面的参政议政工作，部分调研成果被市、区政府部门采纳。综上所述，《北京四合院》再版之作，是集体智慧的结晶。

北京四合院是北京古都风貌的重要组成部分。目前北京正处于新的历史发展阶段，京津冀一体化规划，首都副中心建设，全国文化中心定位，上述背景为北京四合院的保护与发展提供了良好的契机。相信在党中央和中共北京市委、市政府的领导下，经过社会各方面的努力，建设北京全国政治、文化、国际交往、科技创新中心和生态、文明、宜居之都的目标一定能够实现，中国民居明珠——北京四合院将拥有更加美好的未来！

笔耕不辍，行文数载。新版《北京四合院》一书终于面世了！借此机会，本人衷心感谢中国建筑工业出版社的抬爱，感谢母校北京建筑大学的支持。同时，对社会各界同仁的热情帮助，一并谨致谢忱。

陆翔

民盟北京建筑大学支部主委

民盟北京市委委员、文化委员会副主任

北京市西城区政协委员、常委

曾任：北京建筑大学建筑学院史论部主任、教授

民盟中央文化委员会委员

民盟北京市西城区委副主委、调研部主任

2016年9月6日

目　录

引 言

一、研究的背景

民居是建筑史研究的重要领域。

首先，民居是人类建筑的起源。考察一切建筑的发生、发展，都可以找到与人类早期居住形式的关联。这里所谓的关联是以复线形式展开的，即狭义上的居住—庙宇—其他建筑的演化形式，广义上的居住—聚落—城市的演化形式。

其次，民居为建筑的主体。在所有的建筑类型中，它占有绝对的多数。量上的优势使得民居能够以最直接的方式表达人类群体的习俗与观念。

中国土地辽阔，民族众多，因而民居形态各异，其中影响范围最广的民居形式应属四合院居住体系。黄河中上游的窑洞、云贵高原的干栏式建筑、蒙古草原上的包帐等均属于地域性住宅，不足以说明中国民居的整体。北京四合院是中国四合院居住体系中最为规范化的代表，因此对于它的研究，可以说具有典型的意义。

作为传统的住宅，北京四合院经历了数百年的历史，至今依然是北京旧城内居民的主要居住形式之一。北京四合院建筑风格质朴，院落布局有序，具有重大的历史价值、科学价值和艺术价值。然而，随着时代的发展，北京四合院也存在着基础设施老化、房屋建筑陈旧等诸多问题，无法满足社会发展的需求。

20世纪80年代起，北京进入了大规模危旧房改造时期。由于种种原因，北京旧城在迈向现代化的进程中也失去了大量传统街区，古老的胡同、四合院。据统计[1]，仅1990年至2003年拆除的胡同就多达650条，较1949年，北京旧城内的四合院仅剩下不到50%。

1. 引自：刘宝全主编. 北京胡同. 中国旅游出版社，2008.

为了完整地保护北京旧城，特别是保护那些以胡同、四合院为主的历史街区，1990年北京市政府确定了25片北京历史文化保护区，2002年和2004年又增加了8片，共计33片，总占地面积14.75km²。这些措施使北京旧城在空间上形成了点（文物保护单位）、线（城市中轴线）、面（历史文化保护区）完整的保护格局。

近年来，在中共北京市委、市政府的领导下，北京历史文化保护区的工作取得了显著的成绩，包括：制定了《北京旧城25片历史文化保护区保护规划》等相关规划，实施了对保护区600余所重点四合院进行挂牌保护，探索了保护区

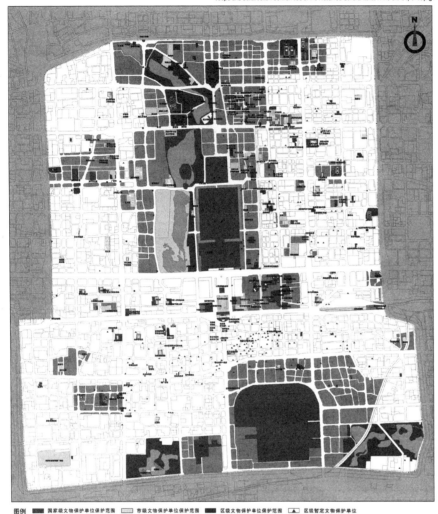

北京旧城文物保护单位保护范围及建设控制地带图
Scope and Construction Control Area of the Preserved Cultural Relics in the Old City of Beijing

北京旧城文物保护区范围划分 –
《北京历史文化名城北京皇城保护
规划》

图例 ■ 国家级文物保护单位保护范围　■ 市级文物保护单位保护范围　■ 区级文物保护单位保护范围　▲ 区级暂定文物保护单位
　　　■ 建设控制地带　　　　　　■ 规划绿地　　　　　　■ 水域

四合院"微循环"渐进更新的模式，加大了对危旧四合院进行修缮的力度，完成了前门、鲜鱼口等一批危改试点工程。以上措施使百姓的生活逐渐改善，城市的功能趋于合理，"老北京、新面貌"初见端倪。另一方面，由于历史的原因，保护区内"人口多、房屋危、设施差、生活难"等诸多问题仍未解决，"保护"与"发展"的矛盾尚未破题。特别是生活在保护区内30万居民整体居住质量低下，跟不上首都社会、经济发展的步伐，成为了北京的弱势群体。这既是社会关注的焦点，也是政府尚未解决的难题。

基于上述背景，再版《北京四合院》一书以时间为主线，空间为辅线，对传统北京四合院的形制进行了考证，对当代北京四合院的状况进行了调查，对未来北京四合院的发展进行了探索。

下面让我们简要浏览国内外有关北京四合院的著作。

国内较早介绍北京四合院的书籍是梁思成先生的《中国建筑史》（油印本）和刘敦桢先生的《中国住宅概说》，这两部著作概述了北京四合院建筑形制，并将北京四合院视为中国北方民居的代表。20世纪50年代末，王其明、王绍周合著了《北京四合院住宅》。该书是国内第一部研究北京四合院的专著，书中系统地总结了北京四合院的总体布局、单体建筑、建造方法。20世纪90年代以来，对北京四合院研究的著作逐渐增加，包括邓云乡的《北京四合院》（1990年），陆翔、王其明的《北京四合院》（1996年），马炳坚的《北京四合院建筑》（1999年），王其明的《北京四合院》（1999年），孙大章的《中国民居研究》（2004年），业祖润的《北京民居》（2009年），贾珺的《北京四合院》（2009年）等。

国外对于北京四合院的研究起源于20世纪初，包括日本学者所著的《北京南郊的民家》、《北支蒙疆的住居》等。20世纪70年代以后，对北京四合院研究的国家有所增多，其中瑞士专家文纳·布莱特（Werner Blaser）所写的《中国四合院》别具特色，书中将北京四合院与苏州四合院进行了深入的比较。此外，欧美及亚洲部分国家也有大量介绍北京四合院的文章。

二、研究的思路

2012年春，承蒙中国建筑工业出版社推荐，中国新闻出版总署将《北京四合院》列为中国对外文化交流图书再版项目，我们深感荣幸与责任重大。在再版的过程中，我们根据形势的需要对原著部分章节进行了调整，并增加了当代北京四合院的内容，具体研究思路如下：

1. 注重研究的客观性

为了使研究成果更加客观，本书采用实证主义史学方法对北京四合院进行研究。实证主义史学源于欧洲，19世纪成为西方主流学派（兰克学派），该学派重视史料，重视调查，强调图书馆、档案馆、博物馆在历史研究中的作用。本文在研究的过程中，注重以考古成果、历史文献和现状调查为依据，力图使研究的成果客观、真实。

2. 注重研究的系统性

四合院是一种传统居住形式，在其背后有自然、社会、文化等诸多内涵。本文以建筑学为基础，利用自然科学与社会科学对北京四合院进行了全方位、多角度的研究，包括总结北京四合院建筑形制、探讨北京四合院与自然的关系、阐述北京四合院形成的社会背景与文化内涵。

3. 注重研究的条理性

考虑到文章的条理性与可读性，本文以时间和空间为线索，对北京四合院进行了研究。时间上，全书按传统北京四合院、当代北京四合院、未来北京四合院的排序进行论述；空间上，全书按中国、北方、城市、里坊、胡同、四合院的排序进行了研究。

综上所述，本书的研究思路是以史实、调查为依据，以时间、空间为线索，从建筑学、自然科学、社会科学多角度对北京四合院进行系统研究。

三、研究的内容、范围及相关概念

1. 研究的内容

《北京四合院》一书大体上分为三个部分：第一部分为传统北京四合院的内容，包括北京四合院的演变、形制、文化等；第二部分为当代北京四合院的内容，包括北京四合院现状调查与发展探索；第三部分为基础资料汇编（附录），包括北京四合院的相关史料与图纸。

2. 研究的范围

考虑到史实、史料、实地调查等因素，本书传统北京四合院研究的空间范围界定在元大都、明清北京城，当代北京四合院研究的空间范围界定在北京旧城（明清北京城）内一、二、三批历史文化保护区。

第一批历史文化保护区有25片。包括皇城内14片：南长街、北长街、西华门大街、南池子、北池子、东华门大街、景山东街、景山西街、景山前街、景山后街、地安门内大街、文津街、五四大街、陟山门街；内城7片：西四北头条至八条、东四北三条至八条、南锣鼓巷、什刹海、国子监街、阜成门内大街、东交民巷；外城4片：大栅栏、鲜鱼口地区、东琉璃厂、西琉璃厂。

第二批历史文化保护区有5片，包括皇城、北锣鼓巷、张自忠路北、张自忠路南、法源寺。

第三批历史文化保护区有3片，包括新太仓、东四南、南闹市口。

3. 研究的概念

① 北京四合院

北京四合院是当代社会对北京传统住宅的总称。按照老北京人的习惯叫法，北京四合院应称为府、宅、第、邸、四合房。

府是明清时期皇亲国戚的住所。清代的府分为两种，按《大清会典·工部》规定：亲王、郡王的住所称为王府，世子、贝勒、贝子等住所只能称为府，王府与府在形制上有严格的规定，王府的规制高，府的规制低，不能逾制。

宅、第、邸是富贵人家的住宅：宅的称呼较为普遍，但城市贫民的住宅不称宅；第原指皇帝所赐的住宅，近代转为对尊者住宅的敬称；邸指官员的住宅，后也转为敬称。

四合房是平民百姓的住宅，多为一进院的四合院，供一家或多家使用。

本书所涉及的北京四合院还包括了以居住功能为主的会馆及商住建筑。

② 人居环境

人居环境一词泛指人类聚居的生存环境，特指建筑、城市等人为建成环境。早在"二战"之后，希腊学者道萨迪亚斯提出了"人居环境科学"的概念，后被国际社会认可，1985年联合国通过决定，确定每年10月的第一个星期一为"世界人居日"。在我国，清华大学教授吴良镛先生最早引入"人居环境"的概念，并根据时代的发展将该学科加以完善，所著《人居环境科学导论》一书，将人居环境概念定义为是一门以人类聚居（包括乡村、集镇、城市等）为研究对象，着重探讨人与环境之间的相互关系的科学。该理论被当今社会普遍采纳，我国的部分高校已开设此类课程。

本书引入的"人居环境"概念，狭义上指北京四合院建筑学方面的内容，包括建筑、结构、水、暖、电、场地等；广义上涉及与四合院相关的自然及社会层面的内容，包括自然层面的地理、气候、资源和社会层面的政治、经济、文化等。

绪　论

第一节　北京四合院历史成因及其演变

1. 丘菊贤，杨东晨.中华都城要览. 河南大学出版社，1989. 310.

2. "东西二都制"是西周实行的主陪都制度。西周的西都为镐京，东都为雒邑。此后这种制度被隋、唐等代继承。

3. 有关史料记载，蒙古人南下，曾多次改良田为牧场。

一、元代北京四合院是两宋传统民居形式的延续

目前，我们能够考证到的北京四合院最早只能追溯到北京安定门附近的后英房元代遗址。通常建筑界也把它视为元代北京四合院的典型。从事物发展规律上看，一种规范化的形制，自诞生到成熟需要漫长的演化过程。那么，元代北京四合院又是如何形成的呢？我们不妨先作一番历史的回顾。

中国数千年的文明史表明，汉文化具有巨大的亲和力。其原因在于古代中国周边区域的文化较为落后，外族的进入，军事上或许能取胜于一时，文化上则往往导致其自身某种程度上的衰微。北魏、辽金以及元代均是如此。

就社会结构而言，元代的汉化主要表现在如下几个方面：建立中书省、枢密院、御史台等中央集权机构；放弃游牧经济，代之以农业为本的新经济政策；提倡宋代的程朱理学；启用大批汉人理政。如此这般，使得元朝在短短数十年内，构筑起一个与中原文化相适应的封建大国。

与此同时，元代居住方式亦发生了深刻的变革。

首先，实现了由"帐殿制"到"两京制"的转变。

"帐殿制"是指蒙古早期的都城没有固定的地点，部落之间商议军政大事临时择地。据有关文献记载，此制度一直延续到金朝灭亡[1]。忽必烈继任汗位以后力改旧制，把蒙古的政治、军事中心分别定在开平、燕京，即所谓元代历史上的"两京制"。本质上它是中国封建社会"东西二都制"[2]的翻版。

其次，实现了由迁居到定居的转变。

蒙古地处草原，长期以来那里的人们形成了逐水草而居的生活习惯。进入华北、中原以后，为了适应新的地理环境与生产方式，他们不得不放弃供游牧栖身的蒙古包而采用汉民的居住方式——定居。定居出现于元朝建立以前，实现全面定居具有渐进性[3]，元大都"里坊—四合院"体系标志着迁居到定居转变过程的终结（图0-1）。

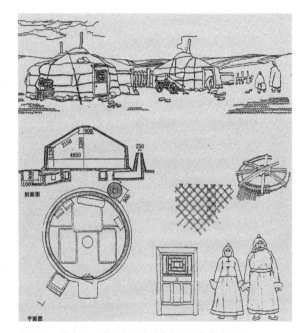

图0-1　蒙古包—《北京四合院》（原版）作者自绘

综上所述，元初社会制度与居住方式的汉化，是北京四合院形成的历史契机。

元代北京四合院是两宋传统民居形式的延续这一命题，具有充分的史学依据。现将北京后英房元代遗址与宋代《千里江山图卷》中的住宅加以比较（图0-2、图0-3）。

宋元住宅比较

特征 ＼ 实例	后英房遗址	宋画中的住宅
院落布局	前后院加两跨院的布局方式，纵向院落有明显的轴线对称关系	住宅多为前后院制，纵向院落一般有明显的对称关系
堂室关系	堂前室后，中间用穿廊相连，堂、廊、室呈工字形布局	厅堂与寝室位于住宅的中轴线上且多数呈工字形布局
厢房位置	东西厢房制，厢房位于西院堂室和主院北方两侧	厢房多位于前院或堂室的两侧
其他方面	主院北房采用前出轩、两侧立挟屋的做法	较大的住宅厅堂前出抱厦、两侧附带耳房

通过比较可以看出，北京后英房元代遗址在建筑总体布局上与宋代民宅一致，它们之间仅仅存在着微小的差别。进一步分析，《千里江山图卷》所勾勒的宋代住宅并非孤立，特别是后英房遗址中所出现的工字型布局方式，在宋代相当普遍，其特点在北宋的《清明上河图》、《文姬归汉图》以及南宋的《江山秋色图卷》中都可以得到印证（图0-4）。

又则，经有关专家考证，北京后英房、西桃园等几处元代住宅遗址所采用的建筑技术，基本上沿用了两宋的传统，一些细部做法甚至与宋《营造法式》完全吻合，这从另一侧面证实了元代北京四合院源于宋代传统住宅。

二、明清北京四合院的演进

与元代北京四合院相比，明清北京四合院在形制上产生了两点重大变异，这就是院落布局的变化和工字形平面的消失。经考证我们作出如下判断：

第一，元代北京后英房等遗址中前院面积远远大于后院，而明清北京四合院相反，前院呈扁长形（图0-5）。导致这种差异的主要因素在于明清北京城市人口的增长。据《顺天府志》记载：明初洪武二年，北京地区在户人口4.8万余人；到

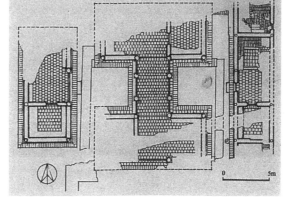

图0-2　北京元代后英房遗址考古平面—《北京民居》

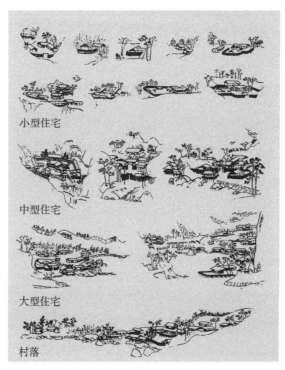

小型住宅

中型住宅

大型住宅

村落

图0-3　《千里江山图卷》中的住宅—《北京四合院》（转引《中国建筑史》，刘敦桢著）

图0-4a 《清明上河图》中的工字殿—中国古代名家珍藏手卷第五辑

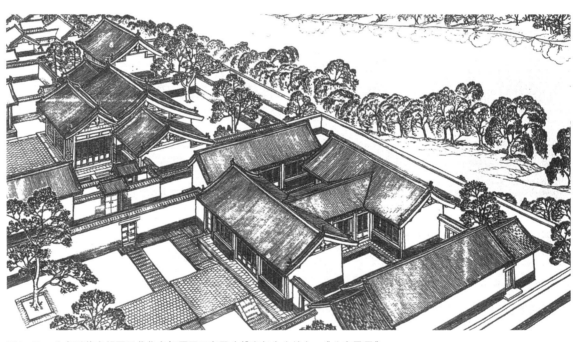

图0-4b 北京后英房胡同元代住宅复原图工字殿（傅熹年先生绘）—《北京民居》

了洪武八年，人口已达32.3万余人。永乐十八年，明成祖朱棣迁都北京，京师人口再次迅速增长。入清以后，北京城市人口仍居高不下，据清末1908年人口统计，北京实际人口已超过100万。从宏观上说，住宅每户占地面积与城市人口增长呈反比。元初人都每户四合院面积规定为8亩，到了明清时期，一般大的宅子占地4亩，小的占地1亩，甚至占地半亩的宅子亦不在少数。上述状况我们从西四

北一带四合院的变迁即可窥视一二（图0-6）。

第二，明清北京四合院取消了前堂、穿廊、后寝连成的工字形布局，代之以东西厢房、正房、抄手廊和垂花门组成的名副其实的四合院格局。形制变化的原因有二：一是明洪武到永乐年间，政府为巩固边防实行屯田，大批山西移民迁入京畿。如据原北京市大兴县地名办公室调查，当时全境526个自然村中，有110个村

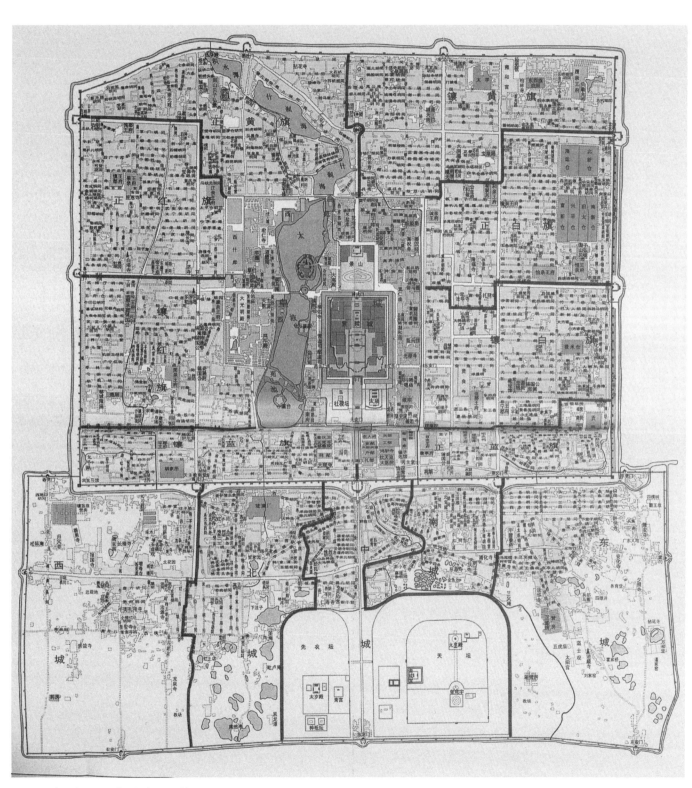

图0-5　清北京平面—《文物古迹览胜》

庄是由山西直接迁移的。按照文化传播学的理论，人口的迁移意味着文化的扩散。经考证，山西襄汾一带的明代民居与明清北京四合院酷似，这至少说明两地的住宅在形制上有着某种潜在的渊源（图0-7、图0-8）。二是明清北京四合院的变化与明代以来工字型平面在各类建筑中逐渐消失有关。纵观中国建筑发展历程，宋元时期工字形平面不仅民居中采用，而且宫殿、寺庙、官署亦多采用。但明代以后，这种布局方式在各类建筑中较为罕见。

三、近代北京四合院的状况

1840年起，帝国主义用炮舰打开了清王朝闭关自守的大门，从而使中国沦为半殖民地半封建的畸形社会。同时，西方近代的自然科学和社会科学在中国得到了广泛的传播，史称"西学东渐"。

社会意识形态上的变化必然影响到居住方面。清末民初，在北京部分王府贵宅中兴起了一股西化的潮流。应当指出，追求西化的动机因人而异，有的人是为标榜新派在宅内建洋房，更多的人是把西式建筑当成玩意，当然还有外国人购宅后加以改建。在此仅举几例：

1．后圆恩寺7号四合院

位于东城区交道口南。它是一座中西合璧式宅院，中部为一西洋式楼房，楼前有一个带喷泉的圆形水池，池南是一座花岗石西式园亭。此宅据说是某贵族为取名妓欢心所盖。

2．麻线胡同3号大宅院

位于东城区麻线胡同。民国初年梁敦彦买得此宅后，将宅改为中西式建筑，宅中有一大圆厅，顶部呈尖顶圆形，供唱戏、跳舞用。

3．醇亲王府

位于东交民巷止义路西侧。原为醇亲王府，1860年沦为英国使馆，东部原有建筑已不存在，添建一座仿中式建筑的楼房，但楼房的门窗为西洋式，西部有改建的四合院住宅一所和后添加的英式楼房。

事实上中西式的四合院绝不仅止上述几例，诸如清末民初北京城内住宅时兴建中西式大门（俗称圆明园宅门），日伪时期不少住宅被改建为办公用房及官邸，某些房内铺设榻榻米等。与此同时，西方先进科学技术使上层社会中的四合院居住条件得到改善，如在院内安装卫生设备、电灯、自来水、暖气等。但总体来说，该时期北京四合院基本保持了明清形制，西化的趋势并未扩大，这与近代北京并未沦为像上海、青岛、天津等那样的殖民地城市不无关系（图0-9、图0-10）。

四、新中国成立至"文革"时期的北京四合院

1．新中国成立初期的北京四合院

1949年10月1日，中华人民共和国成立，中国从此走上了独立、民主、富强的伟大历程，北京也从过去的封建帝都变成了新中国的首都。新中国成立初期，北京的城市建设取得了巨大的成就，包括制定总体规划、完善基础设施、新建各类房屋等。至1958年底，全市新建建筑面积超过了元大都至1949年建设之和，并基本形成了北京当代城市的格局。

与此同时，北京四合院也发生了较大的变化。由于所有制的变更，原有的王府宅第改为机关、工厂、医院、学校、幼儿园、驻军用地等，部分私宅经房改收归国有，由房管部门出租。上述做法使北京四合院的性质有所改变：其一，北京四合院住宅向着多用途的建筑转变；其二，北京四合院由独家使用的住宅向着多户共用的集体住宅转变，北京四合院逐渐发展成了单位院、公共院（图0-11）。

2．"文革"时期的北京四合院

1966年至1976年的"文革"时期，由于政

图0-6　西四北头条至八条鸟瞰—《文物古迹览胜》

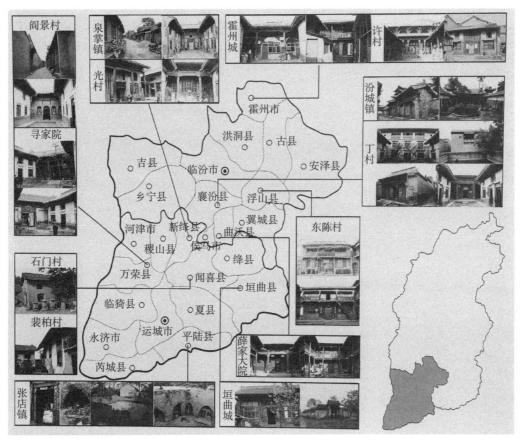

图0-7　晋南民居分布图《山西民居》（中国建筑工业出版社）

治、军事、自然灾害等原因，一大批北京四合院遭到了破坏。

首先是政治因素。"文革"时期，北京开始"破四旧"，北京四合院内的许多砖雕、彩画及建筑装饰小品（如垂花门、影壁、抱鼓石等）被视为封建残余予以损毁，造成了难以弥补的损失。

其次是军事因素。"文革"时期，中国与苏联发生了"珍宝岛事件"，为了防止可能爆发的核战争，北京开展了一场全民"深挖洞"的群众运动。在四合院内修建的防空洞，客观上造成了对住宅地基和排水系统的损坏。

最后是自然灾害。1976年唐山大地震波及北京，为了减少地震的危害，全市普遍在四合院内加建抗震棚。这种临时性建筑至今依旧保留，使北京四合院变成了大杂院。

五、改革开放时期的北京四合院

1．旧城区改造

1978年12月，中共中央在京召开十一届三中全会，会议作出了把工作重点转移到社会主义现代化建设上来的决定，北京的城市建设进入新的历史发展时期。根据中央指示，北京市于1982年修订了《北京城市建设总体规划》。规划提出：以旧城区作为全市的中心，把逐步改

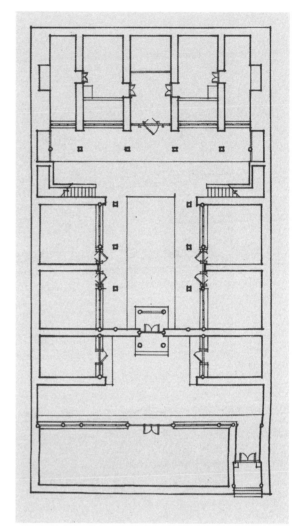

图0-8a　平遥石头坡街民居—《山西民居》

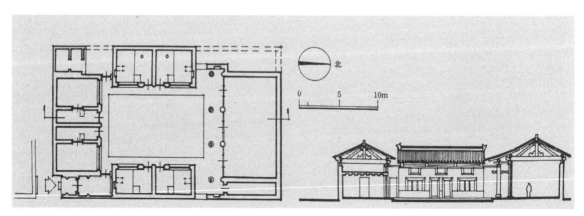

图0-8b　山西襄汾丁村明代民居《北京四合院》(原版)作者自绘

图0-9a　西式四合院大门（张振光 摄影）

图0-9b　西式四合院大门（张振光 摄影）

图0-10　中西式院落—作者拍摄

图0-11a　四合院改为幼儿园—作者拍摄

图0-11b　勋贝子府（1959年改为四川饭店）—《四合院情思》

建旧城区与建设新城区结合起来；在改建旧城的过程中，要尽可能地保护北京所特有的古都风貌；要对北京城所有的文物古迹、古建筑和较典型的、较好的"四合院"都给予保留。

北京旧城是元、明、清帝都所在地，具有重大的历史价值、科学价值和艺术价值，同时旧城也存在着基础设施老化、城市功能滞后、房屋建筑陈旧等诸多问题。据统计，20世纪80年代初北京旧城共有平房、四合院1700万㎡，其中破旧危房有29片，总建筑面积190万㎡。[1]由此可见，旧城改造是时代发展的要求（图0-12）。

北京旧城改造开始于20世纪80年代危改试点，包括对菊儿胡同、小后仓胡同等试点建设，并取得了相关的经验。90年代初，北京进入大规模危房改造时期，仅1990～1992年旧城危改建设就高达67片。经过多年的危旧房改造，北京城市功能趋于合理，数十万居民住房条件得到改善，大量危房得以消除。

另一方面，随着改造工程的开展，一批具有重要历史价值的胡同、四合院从京城大地上

消失。据统计，1990年至2003年拆除的胡同650条，平房四合院数百万平方米。舒乙先生曾在《人民日报》上感叹"北京旧城的胡同、四合院已经被拆掉了近50%"[3]。一批社会有识之士也强烈呼吁，要救救老北京城（图0-13）。

旧城改造过程中的问题引起中央领导和北京市有关部门的高度重视，危改中"大拆大建"的做法被及时制止。自2002年起，北京市政府制定了一系列相关保护政策，使旧城改造工作逐渐走向正轨。

2. 理论方面的探索

对北京旧城内的胡同、四合院进行整体保护意义重大，但整体保护并不意味着全部保留。城市的发展是一个新陈代谢的过程，所谓"新"与"旧"在时空上是相对的，关键是如何把握新陈代谢的"度"，以适应时代发展的需求。

城市更新是20世纪50年代欧美兴起的新学科，它源于"二战"后欧美各国对城市的重建。一般来说，城市更新有三种途径，即维护、改造、重建。维护是对尚能使用的建筑、地段进

1　引自1983年北京市房管局统计数据.

2. 刘宝全主编. 北京胡同.中国旅游出版社，2008．151.

3. 转引：业祖润. 北京民居. 中国建筑工业出版社，2009．306.

图0-12　东城区车辇店胡同（抗震棚）—《四合院情深》

图0-13　拆迁前的鞍匠胡同—《胡同的记忆》

行维护修缮；改造是对旧有建筑进行调整，以满足新的使用要求；重建是对危旧房屋拆除，再建新的房屋。

20世纪70年代末，首都建筑界在借鉴相关经验的基础上，对北京旧城更新进行了有益的探索。其中最具影响力的理论是吴良镛先生提出的有机更新理论，该理论大致内容为：北京的城市细胞为合院体系，旧城改造应尊重旧城的肌理，即对四合院的改造不是全面拆除，而是采用插入的方法局部以新代旧，渐进用新的类四合院代替危旧房屋。该理论获得国内外建筑界广泛的好评，后在菊儿胡同试点工程中得到应用。

3. 实践方面的尝试

20世纪80年代为北京旧城改造的探索期，相关成熟案例介绍如下。

① 菊儿胡同试点

菊儿胡同位于北京旧城中心偏北，东临交道口南大街，西接南锣鼓巷，是一个历史悠久、危旧房集中的地区。菊儿胡同改造项目在设计上采用了四合院与单元楼相结合的方法，既保留了胡同、四合院的城市肌理，又满足居民对现代化生活的需要，对协调"保护"与"发展"的关系进行了有益的探索。该项目是在"有机更新"理论指导下改造的，完工后获得国内外多项建筑大奖及联合国世界人居奖（图0-14）。

② 小后仓地区改造

小后仓地处西直门内，原为一片低矮破旧的危房区。与菊儿胡同试点有所不同，小后仓地区改建方案多采用三到五层单元式住宅楼围合成类四合院，住宅在空间上高低错落，首层每户多有独院，其他各层则尽可能地设置一些屋顶平台。此外，在设计过程中强调群众参与，并且对住户人数、年龄、原住房间数、朝向等进行了大量的调查，以确定新住宅的户型、户室比、朝向、层数等，以减少回迁分配工作的困难（图0-15）。

③ 其他方面的实践

随着改革开放的深入，北京的旅游事业日

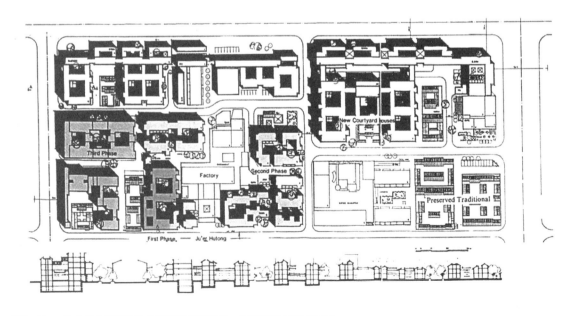

图0-14a　北京菊儿胡同改造总平面及剖面示意—《胡同保护规划研究》

趋繁荣，在探索北京四合院出路的过程中，出现了一种倾向，即将传统四合院形制用于其他性质的建筑，例如明苑宾馆、河北省驻京办事处、四川饭店、大三元酒家等。应当指出，这种建筑一般分为两类：一类是仿古式建筑，其平面布局、空间关系等都趋于与传统北京四合院一致；另一类则属于利用旧有四合院加以改造，变更住宅用途（图0-16）。

六、21世纪初期的北京四合院

1. 保护体系的完善

对北京四合院的保护是一个不断探索、不断完善的过程。二十余年来，经过方方面面的努力，政府建立了一套较为完整的北京四合院保护体系。

① 城市层面

1993年，国务院批复了《北京城市总体规划》（1991～2010年）。该规划确立了整体保护的理念，强调从北京城市格局、历史环境、历史建筑、传统文化及人文环境等方面，有机整体地保护北京古都风貌，全面推进北京历史

图0-14b　改造后的菊儿胡同住宅群—作者拍摄

文化名城的保护与发展。新一轮的《北京市总体规划》（2004～2020年）又明确了整体保护北京旧城的方针、原则以及具体的方法。上述规划为北京四合院整体保护打下了坚实的基础（图0-17）。

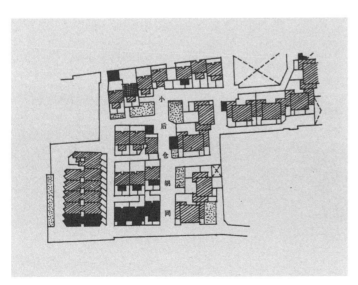

图0-15a　北京小后仓地区危改试点工程平面—《北京四合院》

图0-15b　改造后的小后仓住宅群—《胡同保护规划研究》

图0-16a　河北省政府驻京办—作者拍摄

图0-16b　四合院做竹园宾馆—作者拍摄

图0-16c　景山西街大三元餐厅—作者拍摄

图0-16d　四合院改为会所（张振光 摄影）

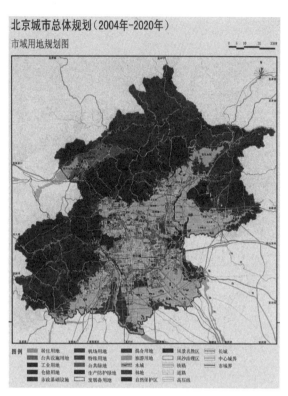

图0-17a　北京城市总体规划（2004—2020）市域用地规划图—《北京城市总体规划（简体）2004年—2020年》

图0-17b　北京城市总体规划（2004—2020）中心城用地规划图—《北京城市总体规划（简体）2004年—2020年》

②街区层面

1990年，北京市政府批准建立北京旧城25片历史文化保护区。此后《北京市总体规划》（1991～2010年）强调：历史文化保护区是具有某一历史时期的传统风貌、民族地方特色街区、建筑群、小镇、村寨等，是历史文化名城的重要组成部分，北京市已确定的25片历史文化保护区要逐个划定范围，确定保护与整治目标。21世纪初，北京市又出台了《北京历史文化名城保护规划》，提出了对胡同、四合院的保护与修缮应采取循序渐进的方式实现目标，为北京四合院街区的保护提供了法规依据（图0-18）。

③单体建筑层面

21世纪初，北京市政府加大了对古都风貌的保护力度，除了对北京的旧城、历史文化保护区加强保护以外，还对600余所具有一定历史

价值的北京四合院实行挂牌保护，将这批四合院纳入准文物的保护范畴。同时，政府及相关职能部门又制定了一系列的法规，包括《关于加强危改中"四合院"保护工作的若干意见》、《关于鼓励单位和个人购买北京旧城历史文化保护区四合院等房屋的试行规定》、《关于落实2008年奥运会前旧城内历史风貌保护区整治工作的指导意见》等，为北京四合院单体建筑的保护提供了政策保障（图0-19）。

2.修缮、整治模式的探索

在总结20世纪80～90年代旧城改造的经验与教训之后，21世纪初北京市政府及时调整了危旧房屋改造的政策，对北京四合院修缮、整治模式进行了积极的探索，取得了显著的成绩。现将相关方式简要介绍如下。

①以保护为主的修缮模式

修缮模式是在保留原有四合院的基础上，

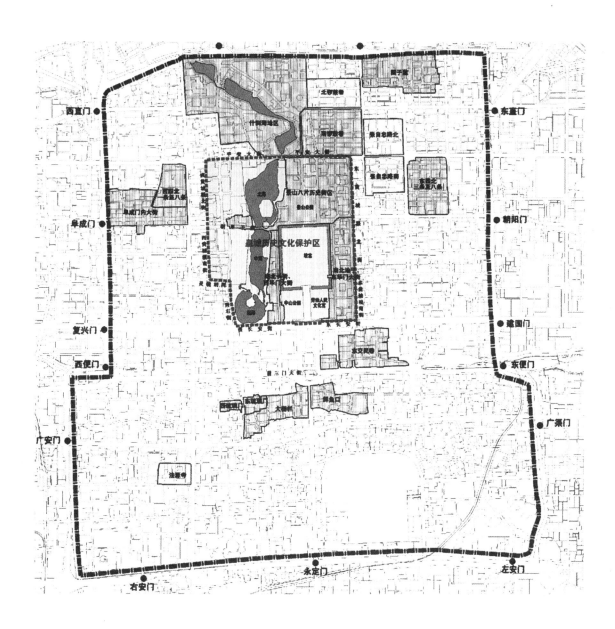

图0-18　北京25片历史文化保护区—《北京胡同志》

对旧房进行加固、翻修，改善居民住房条件。其中代表性案例有交道口地区"微循环"改造模式，西四北头条至八条"煤改电"工程，迎奥房屋修缮工程等（图0-20）。

②以更新为主的整治模式

整治模式是拆除四、五类危旧房屋，新建的四合院保持传统四合院风格。其中代表性案例有前门地区改造工程、御河地区改造工程等（图0-21）。

③其他改造方式

来自民间的改造也取得了一些成果。如什刹海酒吧街的商户对原有四合院进行内部改造，以适应经商的需求。再如部分住户将原有四合院改建为宾馆、会所或翻建新的四合院住宅（图0-22）。

综上所述，新世纪以来北京四合院的保护与发展取得了显著的成绩，相信在中共北京市委、市政府的领导下，经过全社会共同努力，北京四合院明天会更好！

图0-19　保存较好的四合院—张振光 摄影

图0-20a　交道口微循环改造后院落—作者拍摄

图0-20b　煤改电工程—作者拍摄

图0-20c　奥运工程新建厕所—作者拍摄

图0-21a　修缮4、5类危房—作者拍摄

图0-21c　前门大街改造—作者拍摄

图0-21b　御河改造—作者拍摄

图0-22a　什刹海四合院改造—作者拍摄

图0-22b　东四六条招待所—作者拍摄

图0-22c　四合院改为高级住宅（院内）—作者拍摄

第二节　地理环境与自然条件

一、地理环境

北京位于华北平原的尽端，西北部是太行山脉和燕山山脉，东南部是洪积冲积物组成的一片平川，依山面海，形势优越（图0-23）。

北京的河流均属海河水系，主要有永定河、潮白河、北运河、拒马河、泃河五条大河。北京地下水源丰富，民国以前居民多饮用井水，清末宫廷饮水用车从玉泉山附近拉来。

北京的地质属黄土层冲积层，主要由永定河挟带的泥沙冲积而成。城内因历代多次营建，碎砖回填土较厚，建宅地基条件并不理想。

北京处于多震地带，从明清文献中可找到多次地震的记载，其中以康熙七年、十八年和雍正八年的3次为大，延时较长。由于住宅所采用的木结构抗震性能较好，房屋得以长期大量地保存下来。

二、气候特征

北京的气候属于温带大陆性季风型，夏季炎热多雨，冬季寒冷干燥，春季多风，秋季短促。平原区年平均气温为12℃，绝对最高气温42.6℃，绝对最低温度-22.8℃。年平均降雨量682.9mm，其中70%~80%集中在夏季。风向以北风最多，冬季冰冻线在-0.8m（图0-24）。

气候是制约居住形态的因素之一。由于北京冬季寒冷，住宅墙体平均厚度达490mm，屋面厚度达200~300mm。为了适应夏季多雨、春季多风沙的特点，屋面采用两坡顶的形式，坡度约为30°，并出挑至台明外沿，以便于排水。同时院落布局封闭，居住建筑朝外一面极少开窗，以防风沙侵入。此外，院内各建筑之间的间距较大，有利于日照、采光、通风。

三、自然资源

北京地区的自然资源较为丰富，现将涉及建筑方面的资源分述如下。

图0-23　北京地理环境图—《北京四合院》（原版）作者自绘

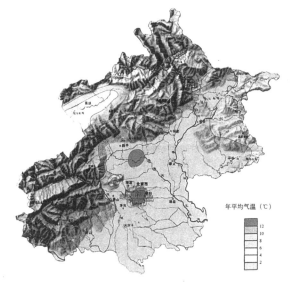

图0-24　北京气候温度图—《北京民居》

1. 木材

北京的木材资源多集中在西北部山区。森林原始植被主要是耐旱的落叶阔叶林，绝大部分是次生的。树种有松、榆、柏、柳、榛、枣、栗等。城内许多地名用树木命名，如槐树胡同、松树胡同、柳荫街等。其中松树是建筑的主要用材。

2. 石灰

北京西部现门头沟附近盛产石灰，以甫营村、大灰厂最为著名。传说此处烧灰已有千年的历史，明清北京城用灰也是由这里供应。据《房山县志》述："羊圈头、后甫营、大灰厂，沿山皆产石灰，有青白两种，青者出自然，白者本石质，必加火烧，而后性黏细，白者固砖，青者染色。"

3. 矿物

煤是北京最主要的矿产之一，历史上北京就有"西城的牛马柴炭"之说，至21世纪初门头沟三家店一带仍出产原煤。另外北京地区还有金、银、铜、铁、锡等矿产，而且开采年代甚远。据《顺天府志》记载："银冶在城西北一百八十里颜老山，铁冶在城西北一百五十里清水村。"

4. 其他

竹、麻、芦苇、石材都是重要的建筑材料。在北京地区生产的竹类有甜竹、绿竹、苦竹；麻出产于顺天府所辖的宝坻县；芦苇产于北京周围的河湖，它既可以用于屋面材料，又可用于编织草席；石材多产于西部山区，如房山的汉白玉曾用于建造明代的宫殿。

5. 小结

北京四合院的主要建筑用材是砖、松木、杂木、石灰、麻、芦苇、石材等。但部分建材也需要从外地运来，如明代贵族皇室所用的铺地金砖、太湖石等均产于江浙地区。

第三节　人口、经济、文化背景

一、多区域、多民族的人口构成

北京是我国北方多民族聚集地之一，自古以来人口迁移频繁。由于地理地势优越，早在夏、商、周时期，北京就成为华夏文化与戎胡文化交流的枢纽，中原与东北经济往来的汇合点。此后随着东汉乌桓和鲜卑的迁入、北周石敬瑭割让燕云十六州，进一步强化了北京地区多元人口构成的特征。

近代北京人口的组成，与元以来数次人口大迁移关系密切。第一次人口大迁移发生在元初，迁入来自三个方向，即北方的蒙古人、西方回族人和江南30万工匠。第二次人口大迁移发生在明代，迁入来自两个方面，一是洪武、永乐年间朝廷下令从山西洪洞、临汾、襄汾一带移徙无地农民来京耕种，二是明初"轮班匠"制带来的南北雇工。人口迁出则主要发生在明末，有关文献记载，1636年、1638年、1642年清军三次进入京畿，掳去大量人口。第三次人口大迁移发生在清初，清军入关后，北京的内城实际变成了满族人居住的城市。

清末民初，生活在北京的居民主要由汉、满、回族组成。城市人口以汉族为主，满族次之，回族人口也高达十几万。由于各民族长期混居，语言、风俗习惯等方面渐趋相同，居住方式已不存在本质性差别。

二、社会经济生活

元、明、清时期的北京是一座典型的消费性城市。京杭大运河的地利之便，给北京带来了商业的繁荣。元初大都的经济生活并不活跃，原因主要在于蒙古人尚未摆脱以畜牧为主的经济结构。稍后，军事征服完毕，政府采取了新的经济政策，使得大都商品经济开始复苏。关于大都经济生活状况在《马可波罗行记》中有所描述："汗八里大城，居民殷繁，货物云集，每日进城，不下千车……"当时大都城内专门市集有30多处，最繁华的商业区在鼓楼和什刹海一带。

明初成祖迁都后，北京的经济生活进一步繁荣。据永乐二十一年山东巡抚陈济言："淮安、济宁、东昌、临清、德州、直沽，商贩所聚，今都北平，百货倍往时。"[1]当时北京的商业除了有固定性的专业市场，如猪市、羊市、牛市、煤市、米市、灯市、花市外，还有定期庙会。

入清以后，一切沿袭明制，庙会集市则远远超过明代："京师之市肆，有常集者，东大市西大市也；有期集者，逢三土地庙、四五之白塔寺、七八之护国寺、九十之隆福寺；谓之四大庙市，皆以期集"[2]（图0-25）。

元以来北京的都市商业十分繁荣，但城市的消费远远大于生产，各种经商物资多掌握在外省商人手中，正所谓"百司庶府之繁，卫士编民之众，无不仰给于江南"[3]。

三、宗教信仰与庶民文化

用计量史学的方法，从地名统计入手，对考察北京居民的宗教信仰具有特殊意义。以清代为例，在《乾隆京城全图》上标明的寺庙有300多个。最多的是关帝庙，共87个，如果加上以祀关帝为主的红庙、白庙、伏魔庙等合起来共有115个。其次是观音庙，有81个，加上白衣庵等共有108个。清时北京正阳门内左边为观音殿，右边为关帝庙，据此可知，关帝与观音是北京居民的主要祀拜对象。其他较多的寺庙有土地庙42个、真武庙41个、火神庙39个、娘娘庙30个及数目不等的龙王庙、玉皇庙、药王庙、财神庙、清真寺和天主教堂等（表0-1）。

寺庙统计表（乾隆时期）—作者自绘　　　　　表0-1

寺庙类型	数量
关帝庙	87
红庙、白庙、伏魔庙	28
观音庙	81
白衣庵	27
土地庙	42
真武庙	41
大神庙	39
娘娘庙	30

1. 明史·卷八十一·食货志.

2. 引自：旧京琐记.

3. 引自：元史·食货记.

图0-25　清代北京生活场景—《北京中轴线城市设计》

图0-26　胡同里的寺庙—作者拍摄

统计表明，北京居民所祀对象具有极大的包容性。明代中后期，北京庙宇兴建繁奢，分布迅速密集。到了清代，正统宗教逐渐衰微，北京民间宗教已趋于三教合一，因俗立祀，因行立祀，除了天主教堂和清真寺以外，其他寺庙之间区分并不十分明显。总之，北京民间宗教的特点是世俗化、行业化，人们并不关心儒、释、道派别之分，而注重在祀拜中获福保安（图0-26）。

庶民文化是一种基层文化，并受到上层文化和邻近民族文化的影响。它是居住研究的重要参照，主要包括饮食习惯、服饰特征、语言文字、民间艺术、社会组织等。现将北京近代庶民文化特征分述如下。

1．饮食

① 主食：小米面、小麦面、玉米面、高粱面等。

② 肉类：牛、羊、猪、鹿、鱼、鸡、鸭等。

③ 菜类：白菜、豆角、茼蒿、西葫芦、茄子、冬瓜、黄瓜、葱、韭、蒜等。

④ 水果：葡萄、桃、梨、瓜、枣、杏、栗、榛、海棠、柿子等。

2．服装

大褂、马褂、袄、裙、袍、带、小衣、膝裤、红缨帽等，所用布料有布、缎、绸、纱、罗绢、锦、呢等。

3．民间艺术

京剧、评剧、曲剧、杂技、相声等（图0-27）。

4．手工艺品

景泰蓝、雕漆、玉器、内画壶、绢花、北京织毯、京绣、挑补花、琉璃、风筝（图0-28）。

5．语言

"京腔"是我国北方方言体系中的标准语。

6．社会组织

行业协会、外埠会馆及地方性帮会组织。

图0-27a 京剧脸谱—《民间瑰宝耀京华》

图0-27b 京剧—中国古代书画名家珍藏手卷第十辑《梅兰芳》

图0-27c　评剧—《民间瑰宝耀京华—西城区非物质文化遗产保护成果概览》

图0-28a　民间手工艺（内画鼻烟壶1）—《民间瑰宝耀京华》

图0-28b　民间手工艺（风筝）—《民间瑰宝耀京华》

图0-28c　民间手工艺（内画鼻烟壶2）—《民间瑰宝耀京华》

第一章

从中国四合院到
北京四合院

第一节 中国四合院的起源与发展

一、中国四合院源头考

在世界范围内，中庭式住宅是人类普遍采用的居住方式。住宅用房四面围合，中央部分保留院落，多分布在北半球的温带和亚热带地区。早在距今6000年前的两河流域文明，美索不达米亚的城市居民就生活在这种房屋之中。在古埃及、古印度的城市里，考古学家也发现了此类住宅遗存。时至今日，南欧、东亚、南亚、西亚、北非、西非等诸多地区，人们仍沿用着这种住宅。[1]

在中国，中庭式住宅被称为四合院，这种住宅的存在至少也有三千余年。按照建筑界较为权威的说法[2]，中国四合院在西周时期已经形成。西周四合院有两个基本特征，即"前堂后室"的平面布局与合院式的空间体系。下面让我们通过对这些特征的探讨，了解中国四合院的起源（图1-1）。

"前堂后室"的平面布局可以上溯到距今六千余年的新石器晚期。20世纪50年代，我国考古工作者在陕西西安附近发现了属于仰韶文化的原始聚落——半坡村遗址（图1-2）。该遗址的居住区约3万m²，中心部分为广场，周围部分为住宅，外部有壕沟。其中位于广场的西侧，

1. [日]布野修斯编. 世界住居. 胡惠琴译. 中国建筑工业出版社, 2011.

2. 中国大百科全书（建筑、园林、城市规划卷）. 中国大百科全书出版社, 1988.

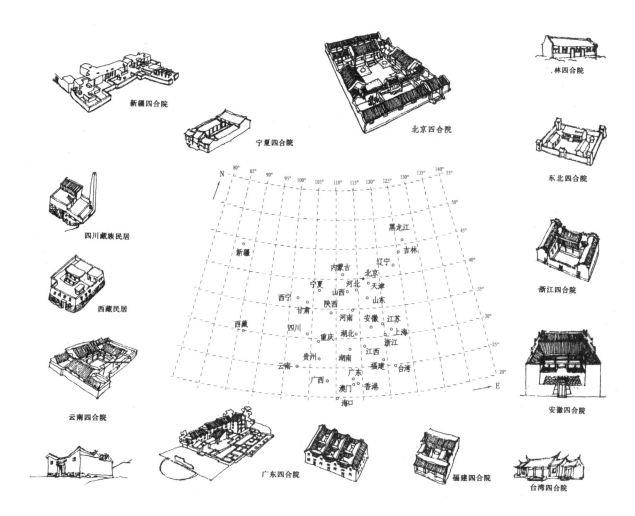

图1-1 明清各地合院建筑—《北京四合院人居环境》

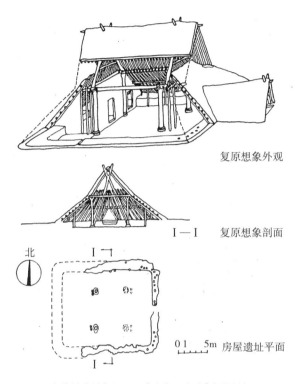

图1-2　半坡村遗址复原图—《北京四合院》（原版）

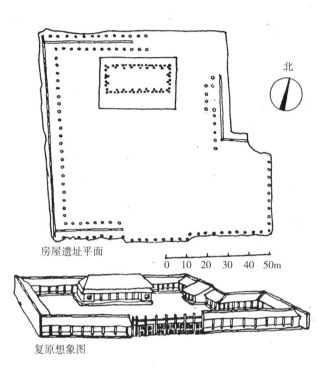

图1-3　河南偃师二里头商代遗址复原图—《北京四合院》（原版）

有一座百余平方米的"大房子"，考古学家称F1室，该建筑入口朝东，平面呈方形，内有四柱，前部为一个大空间，后部为三个小空间。据杨鸿勋先生在《建筑考古学论文集》中评述："前部大空间可能是聚会或举行仪式的场所，后部三个小空间是社会最受尊重的老外祖母或另外的氏族首领的住所。"

以上表明：F1室很有可能是一座兼有公共性质和居住性质的建筑，室内的大空间具有厅堂的功能，三个小空间具有卧室的性质。由此推测，中国四合院"前堂后室"之制，可以追溯到仰韶文化时期的"大房子"。

合院式空间体系的出现至迟不晚于商代。《考古》1974年第四期《河南偃师二里头商代遗址续掘简报》认为：该遗址东西108m，南北100m，合院式空间，北侧殿堂为"前堂后室"

布局，南侧大门为屋宇式建筑，宫殿周围用庑廊环绕，门外设有影壁。倘若将之与西周四合院比较，可以发现如下相似之处：其一，合院式空间体系；其二，"前堂后室"的平面布局（商代遗址堂室尚未分离）；其三，殿堂、大门、影壁位于中轴线上（图1-3）。

据此有理由认为，中国四合院在商代已初显雏形。

二、早期的中国四合院

一般认为，成熟的建筑应具备三点特征，即规制严谨、系统稳定、特点鲜明，按照这种标准衡量，中国四合院在西周时期已趋于成熟。首先，从规制上看，西周礼制对建筑的形制有着严格的规定，使用者的社会地位决定了建筑物的等级，不可逾制。其次，从系统上看，西

1. 柳诒徵. 中国文化史（上册）. 中国大百科全书出版社, 1988. 156.

周时期的四合院形态完整，在院落空间、建筑造型、堂室关系等方面均已定型。再次，从特点上看，平铺的院落组合方式和框架式的木结构体系特征明显，与世界其他地区的四合院有重大区别。

研究西周四合院的史料较为丰富，包括《考工记》、《论语》、《左传》等历史文献。近代柳诒徵先生曾在《中国文化史》中引用《尔雅》、庄氏《周官执掌》、焦氏《仪礼讲习录》等史料，对周代四合院民居有一段十分完整的综述，包括房屋的名称、建筑的尺寸、院落的布局等内容，并有居住位置和住宅等级方面的记述[1]。

西周时期最有代表性的四合院是陕西岐山凤雏村早周建筑遗址。整组建筑位于1m高的夯土台上，南北长45m，东西宽23m，中轴线上依次排列着影壁、大门、前堂、穿廊、后室，两

2. 侯幼彬，李婉贞编. 中国古代建筑历史图说. 中国建筑工业出版社, 2011. 12.

侧为通长的厢房及檐廊，呈两进院布局。从傅熹年先生的复原图上，可以看出建筑的大致形象，包括平面布局、立面造型、剖面结构等内容（图1-4）。该遗址被认为在中国建筑史上具有里程碑的意义[2]。

春秋战国时期的四合院延续了西周的形制，如萧墙（影壁）、大门、寝门、堂室、户牖、厢房、院落等相对位置没有较大的变动，虽然居住方面的僭越行为时有发生，但总体上保持了西周四合院的建筑格局。

三、秦汉——五代时期的四合院

公元前221年，秦灭六国，建立了中国封建社会的一统国家，代表性的居住建筑为阿房宫，后被毁。

汉代的四合院可从已出土的画像砖等文物得到大致印象（图1-5）。中小型的住宅平面多

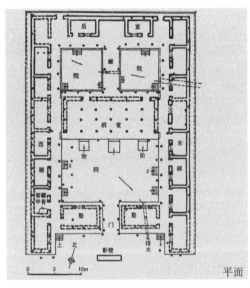

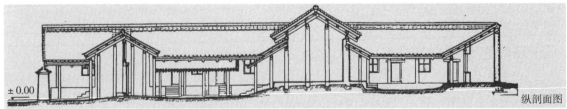

图1-4　凤雏西周建筑遗址复原（傅熹年复原）—《中国古代建筑历史图说》

为口字形、日字形和曲尺形，合院式布局，并用墙垣、庑廊围合院落。大型住宅以四川出土的画像砖为例；该住宅平面呈田字形，四周庑廊环绕，左侧院落沿轴线门、堂、寝依次排列，右侧前部为杂物院，后部有方形望楼一座。可以看出，汉代四合院与商代四合院相仿，多采用庑廊围合院落空间。

魏晋南北朝时期的四合院院墙上多有成排的外窗，据刘敦桢先生推测[1]：墙内建有围合院落的连廊。该时期"舍宅为寺"盛行，人们可以从寺庙的史料中研究住宅形制。

隋、唐、五代时期的四合院可以用敦煌壁画中的住宅形象作为佐证，贵族宅第设有乌头门，房屋建筑用庑廊连接，院落层层递进，并有亭、台、楼、阁等园林建筑（图1-6）。

四、宋元时期的四合院

自汉以来，中国四合院形态的发展出现过两次回归：第一次回归是指汉唐的四合院与商代宫室相仿，多采用庑廊围合院落空间；第二次回归是指宋代以后的四合院又回归到西周的形制。这种现象可以从文化的角度解释，由于汉初实施"览秦制、跨周法"的国策，西周的居住制度被弃用。宋代儒学兴盛，居住制度又

1. 刘敦桢. 中国古代建筑史. 中国建筑工业出版社, 1987. 81.

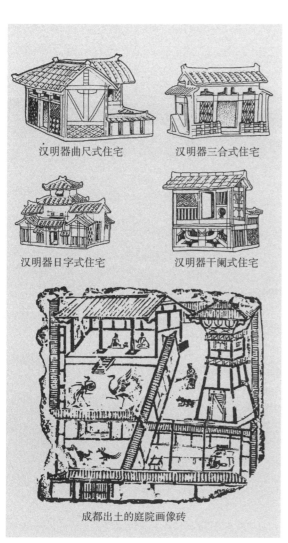

汉明器曲尺式住宅　　汉明器三合式住宅

汉明器日字式住宅　　汉明器干阑式住宅

成都出土的庭院画像砖

图1-5　汉代画像砖中的四合院—《中国古代建筑历史图说》

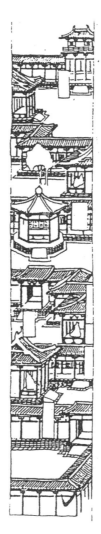

图1-6　敦煌壁画中的住宅形象—转引自刘敦桢《中国古代建筑史》

重新效法西周，并一直延续到清代。

关于宋代四合院的情况前面已有阐述，住宅的院落布局及建筑形制与周代相似，但城市住宅略有变化。由于宋代的城市取消了"里坊制"，沿街住宅可以开商铺，宋代张择端所绘的《清明上河图》再现了这样的场景（图1-7）。

元代四合院与宋代四合院布局相仿，我们可以从元大都四合院和山西永乐宫元代壁画所绘的住宅中得到印证。

五、明清时期的四合院

规制严格、类型多样是明清时期四合院的基本特征。

明代的住居等级制度颇为严格，据《明史·舆服志》记载："一品二品厅堂五间九架，三品五品厅堂五间七架，不许在宅前后左右多占地……庶民庐舍不过三间五架，不许用斗栱、饰彩画。"清代也有类似的规定，以府为例：亲王府规模最大，郡王府规模次之，其他府邸按等级高低规模递减，不得僭越。

中国地域辽阔，环境复杂，文化各异，住宅的形态也多种多样。早在汉代，住宅形态就有多元化的趋向，此后由于南北朝和宋金时期两次南北长久对峙，扩大了中国南方与北方地区住宅的差异，明清时期形成了四合院住宅类型多样化的格局（图1-8）。

图1-7　清明上河图上的四合院—《北京四合院》原版

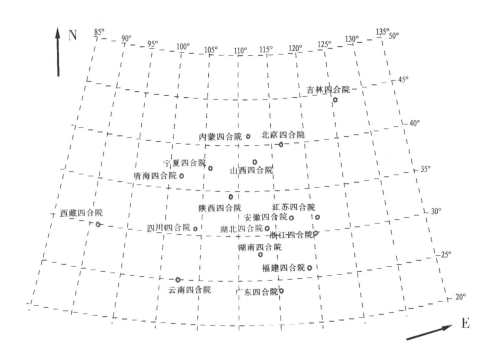

图1-8　清代合院民居分布（注：图示根据清代地理边界绘制，南海诸岛及库页岛未纳入）—《北京四合院》（原版）作者自绘

第二节　明清中国四合院考述

一、中国四合院三大体系

如前所述，明清时期中国四合院具有多元化的特征。倘若打开中国地图从北向南推进，我们可以得出大致印象：位于北纬45°上下有辽宁、吉林四合院，北纬40°一线有北京、河北、山西四合院，北纬35°一线有河南、陕西、青海四合院，北纬30°一线有江浙、两湖、四川四合院，北纬25°一线有福建、两广、云贵四合院。为了把握中国四合院的总体脉络，我们在参照历史地理、社会文化、建筑形态等因素后，将中国各地四合院归纳为三大体系，即北方四合院、南方四合院、西南四合院，它们的建筑特征如下：

1. 北方四合院

北方四合院为房房相离式四合院，住宅中主要房屋布局呈分离状，院落较为宽广。

典型的住宅平面呈纵向矩形，有明显的轴线对称关系。一般大门朝南，前院南部为倒座，前后院之间立二门或厅堂，内院北部是正房，东西两侧置厢房，各房之间多用连廊相连。中型宅院在纵深方向设置三进院或四进院，大型住宅朝横向发展。屋顶的式样有硬山、单坡、平顶等，屋面出挑相对较小。房屋结构一般采用抬梁式，柱间用砖或夯土砌筑，墙体较厚。建筑用材以砖、土、木为主。

房房相离式四合院的优点在于抗震、纳阳、防风、避沙，且冬季保温、夏季通风。这种住宅多建我国北方平原地区（图1-9）。

2. 南方四合院

南方四合院为天井式四合院，住宅以若干天井为中心，周围房屋围合，俗称"四水归堂"[1]。

典型的住宅以一个稍大的天井作为中心，天井的周围布置半开敞式的厅堂及主要房间，供家族聚会、接待客人和长者起居。住宅的其他房间多穿插在数个较小的天井之中，各天井常种些花木，建筑室内空间较为通透。这种住宅平面既有对称式，也有非对称式，房屋的结构一般为穿斗式木构架，建筑用材以竹、木、石为主。

天井式四合院位于低纬度地带，较小的天井有益于防止夏季阳光直接照射，并具有良好的通风效果。它多分布在我国南方的平原、河湖及丘陵地带（图1-10）。

3. 西南四合院

西南四合院为一颗印式四合院，住宅房屋连成一体，中央保留院落。

典型住宅平面为口字形，中心布置庭院。住宅一般分为上下两层。底层北面三间正房，厅堂居中，东西两侧有四间耳房（厢房）做杂物间，楼梯位于正房与耳房之间。二层北部亦有三间正房、东西两侧的四间耳房及南房，并用连廊串联，俗称"跑马楼"。住宅的大门位于南向，门后有影壁。较大的宅院由两组上述单元组合而成，平面呈日字状。一颗印的建筑结构多采用抬梁式木构架，也有穿斗式的，还有把两种结构形式相融合的住宅。主要建筑用材是砖、土、木、竹、石材等。

一颗印式四合院的优点为避风、抗震、防盗，多建在我国西南部山区以及高原地带（图1-11）。

二、核心住宅与边缘住宅

核心—边缘理论是城市地理学中的理论，可用于住宅研究。首先让我们引入核心住宅与边缘住宅概念：核心住宅指在居住体系中占有主导地位的住宅，边缘住宅指在较大地域范围内与核心住宅形态类似的住宅。确定核心住宅的标准为：第一，住宅位于地域的政治、经济、

1. 按民间的说法，四水指四面屋顶的排水，归堂指排水的方向朝向天井。

图1-9　房屋相离式四合院—《北京四合院》（原版）

图1-10　天井式民居—《北京四合院》（原版）

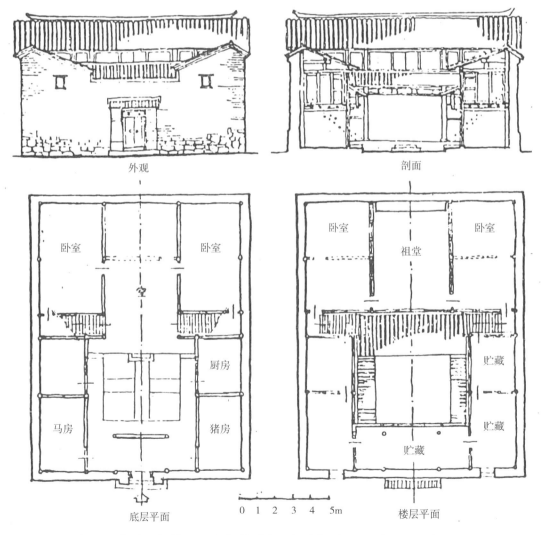

图1-11　云南一颗印民居—《北京四合院》（原版）转引自《中国建筑史》（建工出版社，南工主编，1979，P122页）

文化中心；第二，历史悠久、交通方便、环境典型；第三，住宅形制规范，且对边缘住宅产生影响。

根据上述标准，我们把北京、江浙、云南三地的四合院确定为北方四合院、南方四合院、西南四合院的核心住宅（图1-12）。

以北京四合院为代表的北方四合院大致位于黄河以北地区，包括东北、华北、黄河中上游的山西、陕西、宁夏等广大的地域（图1-13）。在中国封建社会后期，北京是我国北方乃至全国的政治、经济、文化中心；语言上各地均以"京腔"作为标准语；风俗上东北、山西、陕西和华北等地与北京同俗；至于居住方面，北京四合院在该体系中形制最为规范，并对周围地域的四合院产生过重大影响。

以江浙四合院为代表的南方四合院覆盖范围位于长江中下游地区，包括江西、两湖、四川、福建、广东等地（图1-14）。居住方面，江浙地区远在6000余年以前就产生了河姆渡文化，明清时期该地区住宅形制与建筑技术较为成熟，并有随人口迁移向其他地区传播的历史记载[1]；经济方面，唐宋以来的江浙地区不仅是长江中下游的经济中心，而且是全国的经济中心；文化方面，经过历史上的三次文化南迁[2]，江浙文化在全国范围内占有极其显赫的位置。基于上述几点，我们把江浙四合院视为南方四合院的核心住宅。

以云南四合院为代表的西南四合院主要位于我国的西南地区，包括云南、贵州、四川山区、湖南西部和西藏、青海等地（图1-15）。云南地区历史悠久，战国以来汉民数次大规模迁移到云南屯田，并与当地民族相处混居，形成了独特的地方文化。居住形式上也较多受到汉族的影响，自唐代汉族建筑技术传入云南以后，该地区的木构架、土坯墙、瓦顶式的建筑逐渐发展起来，经过长期演变而形成了独特的印子房[3]。此后这种民居形式又传播到贵州、青海、湖南等周围地区。

1. 高鉁明等. 福建民居. 中国建筑工业出版社, 1987. 3.

2. 陆翔. 齐鲁文化对中国古代城市规划的影响. 古建园林技术, 23. 60.

3. 云南民居. 中国建筑工业出版社, 1986. 3、9.

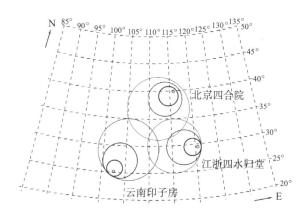

图1-12　三大体系的核心住宅分布—作者自绘

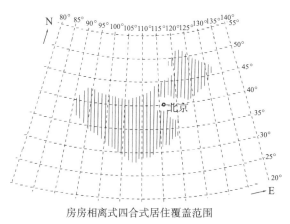

房房相离式四合式居住覆盖范围

图1-13　北方四合院分布范围—作者自绘

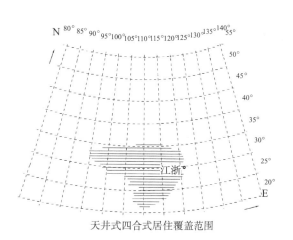

天井式四合式居住覆盖范围

图1-14　南方四合院分布范围—作者自绘

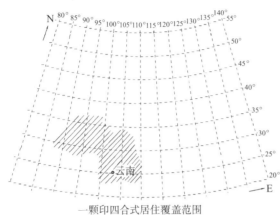
一颗印四合式居住覆盖范围
图1-15　西南四合院分布范围—作者自绘

三、差异与互动

中国四合院三大体系的划分属于宏观上的考察，事实上各体系内的住宅还存在着差异。首先让我们看看北方四合院中的北京、东北、山西、陕西、河北等地住宅之间的比较：

四合院住宅比较表　　　　　　　　　　表1-1

特征 \ 地区	内院形状	正房层数	屋顶式样	大门位置	宅院面积	装饰风格
北京四合院	近似方形	一层	两坡	东南	较大	适中
东北四合院	方形	一层	两坡	正南	最大	粗放
山西四合院	狭长矩形	多为两层	单坡	东南或正南	较小	细腻
陕西四合院	狭长矩形	一或两层	单坡	东南或正南	较小	较细腻
河北四合院	矩形	一层	平顶	东南或正南	较小	适中

通过比较可以看出，北方各地四合院住宅在形态上存在着一定的差异。

南方四合院中的江浙住宅天井较大，福建、广东住宅的天井较小，四川住宅布局因地制宜，如山地住宅的天井随地坪起伏而变化，住宅各天井的高程并不统一。

西南四合院中的云南一颗印多为楼房，西藏、青海等地的一颗印较为封闭，造型上为藏式风格。

与此同时，部分地区的住宅兼有两种四合院体系的形态特征，这种现象可以用互动理论加以解释。

第一，远离核心居住地区的住宅，在形态上表现出较大的变异，即住宅变异程度的大小与距离核心住宅的远近成正比。

第二，各体系相交接地区的住宅具有复合体系的形态特征。

第三，人口迁移、文化传播、交通联系等因素与住宅之间的互动程度相关。

举例说明：在北方四合院中，宁夏距离北京较远，宁夏四合院与北京四合院之间差异较大；在南方四合院中，广东距江浙较远，广东四合院与江浙四合院也存在着较大区别。又则，在北方四合院与南方四合院相交的苏北地区，其四合院具有南北两地的风格；而秦岭南北两侧的住宅形态明显不同，这是由于古代两地交通阻碍、文化隔阂所致（图1-16）。

四、影响住宅形态的相关因素

1. 自然因素

① 由北到南住宅院落呈由大变小的趋势

总体来说，中国的气候由北到南呈由冷到热的变化趋势，而中国四合院院落的大小恰恰

图1-16　西四北六条清代四合院—《北京四合院》(原版)

与纬度的变化成正比，即高纬度地区院落较大，低纬度地区院落较小。这种状况的形成与太阳高度角变化有关。举例说明：吉林、北京、江浙、福建四合院南北向院落与房高的平均比例为15∶3、10∶3、5∶3、6∶5，而上述地区夏至中午太阳高度角分别为68°、73°、82°、87°，冬至中午太阳高度角是22°、27°、36°、41°。从建筑物理角度分析，北方地区冬季需要日照，由于太阳高度角小，房屋之间必须有足够的间距才能获取更多的日照；南方地区夏季需要遮阳，由于太阳高度角大，为了防止过多的日晒，房屋之间的距离必须减小。

② 由东到西住宅院落呈由方变长的趋势

如果我们以北京作为参照，探讨周边地理特征，则不难发现，由东到西地形由低向高推移。同时，居住的院落也呈由方变长的变化趋势。北京东经约为116.3°，居住内院南北与东西向的长宽比大致为1∶1，而到了东经112.5°的山西中部，院落的长宽比平均为2∶1；位于东经109°的陕西北部，院落的长宽比更增至3∶1以上。对于这种变化的原因，我们推测，该区域主导风向多为西北风，而总体上海拔较高的西部地区风沙较大，居住呈南北狭长状有利于风向分流，以达到防风避沙的目的。此外，据当地人说山西、陕西等地明清时期盗贼较多，狭长的院落对防盗较为有利（图1-17）。

2．社会因素

社会因素也是影响住宅形态的重要方面，现仅就北京地区与江浙地区相关情况进行比较。

当代理论界认为，中国文化的源头并非单一，其型种属于复合的。封建社会后期，北京地区受儒家文化影响较大，如果推其源头，可以上溯到新石器时期的中原文化以及更早的旱作文化，它的特征应纳入"礼"的范畴。同一时期江浙等沿海地区受道家文化影响较大，其

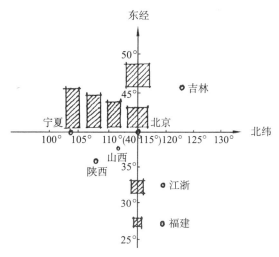

图1-17　自然环境对于院落的影响—作者自绘

源头是新石器时期的南方文化及旧石器时期的稻作文化，特征为因其自然。

经济方面，北京地区延续的基本是以农耕为主的生产方式，典型的特征是自给自足。而江浙一带自宋明以后出现了资本主义萌芽，颇有重商的色彩。

上述情况反映到住宅方面：北京四合院布局严谨，风格质朴；江浙四合院布局灵活，与自然环境结合紧密。

3．人工环境因素

人工环境与居住联系更为紧密。仍以中国北方与南方进行比较：我国北方的城市多属于政治、军事性内陆型城市，受"择中论"的影响，城市平面布局以方形居多，街道系统为棋盘状；这种规则化的城市骨架结构，在很大程度上限定了居住的布局与形态。我国南方的城市多属于经济性沿水型城市，受"因势论"的影响，城市结构及街道系统较为自由，因而住宅形制也有较大的变化余地。这种现象以北京与杭州两城市表现得尤为突出。此外，里坊、朝市甚至园林都与居住形态的构成密切相关，在此不作过多的讨论。

五、相关内容的图式归纳

1．时间图式

时间图式的横向坐标代表中国四合院居住演进的历史，纵向坐标代表相对数量，图中的曲线为历代中国四合院的增减过程（理论上居住增减曲线应与人口增减曲线大体一致）。时间图式用于考察中国四合院发展过程、时期划分，

变化的关键点及形制回归的原始点（图1-18）。

2．空间图式

空间图式以地域的经纬为纵横坐标，先将各体系的覆盖范围用不同线型分别在清代疆域图上标明出来，然后再进行叠加。空间图式用于掌握中国四合院体系的分布情况，分析各体系内部和体系相交地带四合院的表征（图1-19）。

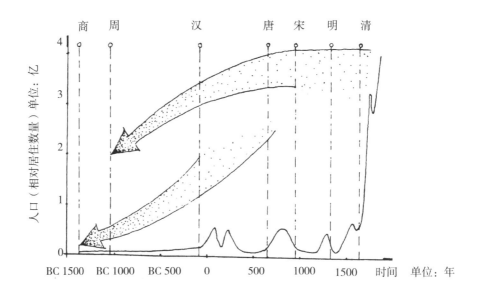

图1-18　时间图式—《北京四合院》（原版）作者自绘

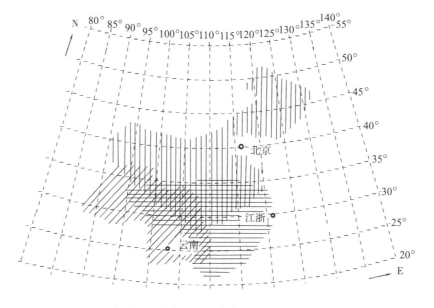

图1-19　空间图式—《北京四合院》（原版）作者自绘

3.特征图式

该图首先列出中国四合院相关要素，包括地形、平面、材料、结构方式等，然后进行归纳，用于了解中国四合院三大体系的各自特征（图1-20）。

六、中国四合院研究方法的探索

为了使研究工作更加系统深入，本书在借鉴相关理论的基础上，提出了中国四合院体系框架和研究框架。

1.体系框架

体系框架是一种三维模式，框架的竖向坐标代表时间，平面纵横坐标分别表示地域的经纬，范围限于中国四合院分布地区。框架的底部是清代中国四合院分布图，并用三种线型将中国四合院三大体系的核心住宅与边缘住宅标明出来。依此类推，清代以前的中国四合院随着竖向坐标的上升，亦可显示出来（图1-21）。体系框架的功能在于：

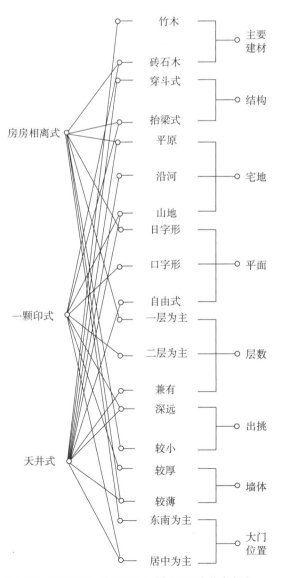

图1-20　特征图式—《北京四合院》（原版）作者自绘

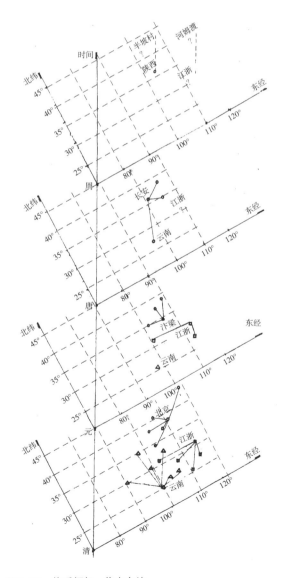

图1-21　体系框架—作者自绘

其一，反映各四合院体系的历史分布情况。

其二，考察各体系之间的渊源关系及主次系统的传播关系。

其三，具有一定的包容性，随着研究的深入，可以补充、修改，并可向未来发展。

其四，该框架中任何一点的居住放到后面的研究框架之内，都可以进行系统、交叉的研究。

第五，倘若再将住宅的相关学科，如自然、社会、文化等均建立起各自的框架，然后与住宅框架进行叠加（可采用计算机显示的方法），相信对于我国民居跨学科研究工作大有裨益。类似的方法同样适用于建筑史学其他分科（如城市、园林等）的研究。

2. 研究框架

研究框架是按照希腊建筑师道萨迪亚斯的系统理论加以简约而完成的。框架的纵轴将住宅本体解析为八个研究单元；横轴由自然、社会、人工环境三大部分组成，下设若干代表性研究单元。这样，纵横轴之间在平面上产生诸多交点，每一交点都确立了一个入手研究的方向。应当指出，此框架纵横上方的住宅名称能够置换，具体研究哪一地区、哪一朝代的四合

院，可从已建立的体系框架中进行选择。

该框架的优点在于总体、系统、交叉，它既可用于整体全面研究，也可取舍某些交点进行重点研究，还可根据需要插入新的研究单元（图1-22）。

第三节　北京四合院与周边地区四合院的关系

一、北京四合院与周边地区四合院

按照文化传播学的理论，北京四合院与周边地区四合院的关系可从以下两个方面考虑：

第一，元代初期，北京四合院不具备核心住宅的地位，它所扮演的角色主要是被影响者。

第二，明代中期，北京四合院上升为北方地区的核心住宅，在居住文化传播过程中，它所扮演的角色主要是影响者。

唐宋以来，北京与中原地区的联系主要依靠两条驿道：一条是汴梁—邯郸—定州—北京一路；另一条是长安—晋州（临汾）—太原—代州（代县）—北京一路。经考证，上述地区住宅形制与北京四合院关系密切，如北京四合院的风水源头在河北正定，山西临汾、襄汾一带的明代民居与北京四合院相似。由此我们推测：元代明初的北京四合院形制，很有可能是经过这两条驿道传入的（图1-23）。

明清时期，北京四合院对周边区域四合院的影响甚大。影响的方式包括上层传播和下层传播。

所谓上层传播主要指明清时期所实行的"科举制"使各地在京做官的人数增多，这些人回归故里，往往将京式住宅的特点带回原籍，一方面作为新潮，一方面也是受多年在京居住

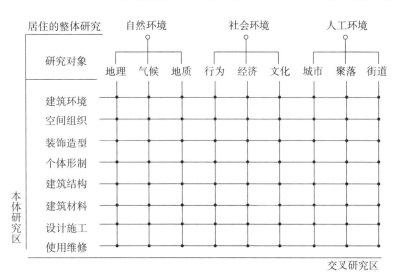

图1-22　研究框架—《北京四合院》（原版）（作者自绘）

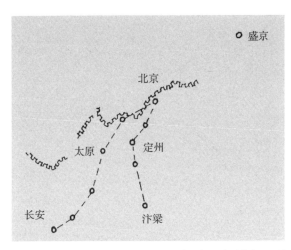

图1-23　北京四合院的传入途径—《北京四合院》（原版）
作者自绘

习惯的影响。这种情况在江南及西北地区的明清民居中均有所反映。

下层传播主要指民间的传播。居住是民俗学中的一个重要组成部分，日本民俗学家称之为"有形文化"。一般来说，民俗类似的地区，其居住方式及民居形式往往一样。例如，清代东北与北京同俗，经考察发现，东北四合院与北京四合院类似（图1-24）。民间传播的途径主要通过社会下层人们的交往、流动。例如，明清时期，从山西、东北来京经商务农的人很多，江浙、安徽一带也有许多商人来往京师。

明清北京四合院传播的方向大致有六条，即：东北路由山海关到盛京（沈阳）、吉林、黑龙江；北路由喜峰口、古北口通往内蒙；西北路从居庸关到张家口、大同一线；西路由代州到太原至陕西；南路由保定、正定到河南；东南方向大体上沿京杭大运河北段到山东（图1-25）。经考证，在这个范围内基本上采用北京四合院形制的地区有张家口、承德、天津及保定地区，我们称之为北京四合院核心住宅圈（图1-26）。

综上所述，明清时期北京四合院与周边地区四合院关系密切下文举例说明。

二、实例

1. 晋中、晋南四合院

如前所述，明代以来山西中部、南部地区有大量移民迁入北京，现北京的宣南地区仍保留了许多与晋中、晋南地区相似的狭长形四合院。

晋中、晋南地区位于华北平原西部，属多山地带，唐代以来为中国北方经济、文化中心之一。

晋中位于山西太原地区，包括太古、平遥等地。晋中大型四合院规模不亚于北京的王府，如祁县的乔家大院、太古的孔家大院。普通四合院多为二至三进院，院落呈狭长状，主要建筑有大门、正房、厢房、倒座、过厅等。

晋南位于山西临汾地区，包括洪洞、襄汾等地。晋南四合院以丁村民居最具有代表性，住宅多为两进院，正房、厢房为两层楼房，院落呈狭长形，现该村保存完好的明清四合院有35座（图1-27）。

2. 东北四合院

东北吉林、辽宁四合院的出现与清末移民有关，据民初《通北设治局采集通志资料》载，"自开荒后，始有满、汉人踪迹。汉人居十之七，满洲人十之三。历年经久，更姓氏，通婚姻，一切习尚早为汉人所同化"。

东北四合院与北京四合院形态相似，多采用两进或三进院落布局，住宅中轴对称，大门位于正南，东西两侧为厢房，正房位于全宅的北部。受自然与社会因素的影响，东北四合院有两个显著特征：一是院子大，既有利于日照，又可满足劳作的需求；二是建角楼，主要出于防卫的需要（图1-28）。

3. 河北蔚县四合院

河北蔚县东距北京200余公里，属张家口地区，自古以来为兵家必经之地。明永乐定都北京之后，政府在此陈重兵驻守，修建了大量的

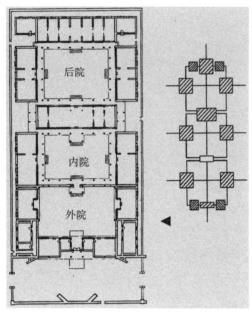

图1-24　沈阳张学良故居—《东北民居》

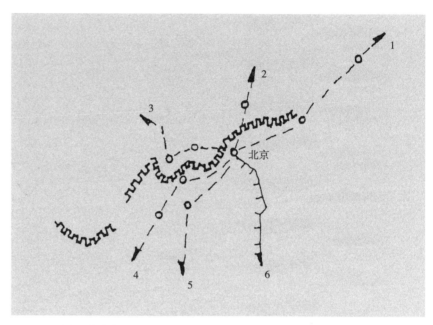

图1-25　北京四合院的传出途径—作者自绘

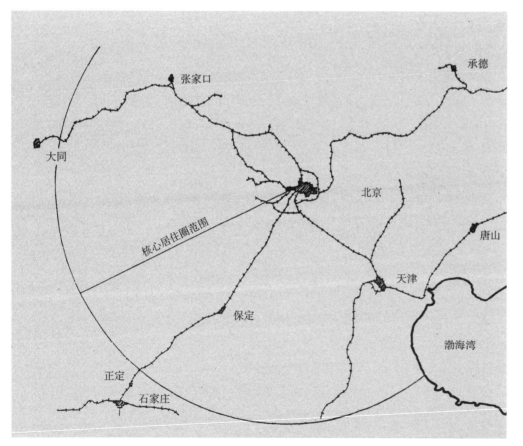

图1-26　北京四合院核心居住圈—作者自绘

城堡，史上有"八百村堡"之称，形成了当地特殊的建筑景观。

　　蔚县古堡内的住宅多为两进院，大门位于东南角，按等级高低分为广亮大门、金柱大门、如意门等，主要建筑有正房、厢房、倒座等。整个住宅外墙较高，具有良好的防御功能。由于蔚县地处北京与山西之间，其住宅格局兼有北京四合院和山西晋北四合院的风格（图1-29）。

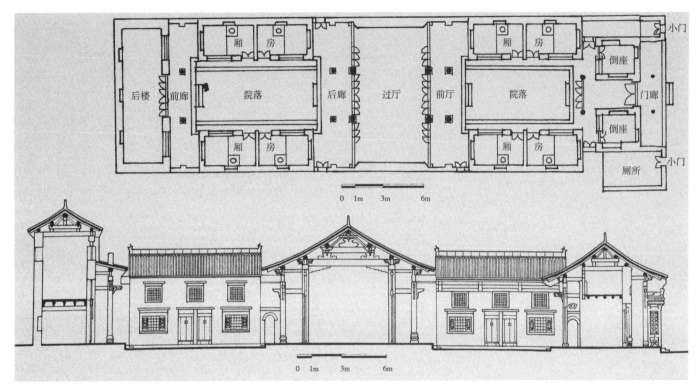

图1-27　山西丁村民居—《山西民居》

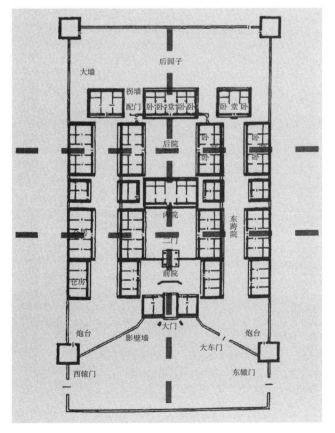

图1-28　吉林省双辽县吴宅—《东北民居》

图1-29　蔚县民居—百度图片

第二章

城市、里坊、胡同
与四合院

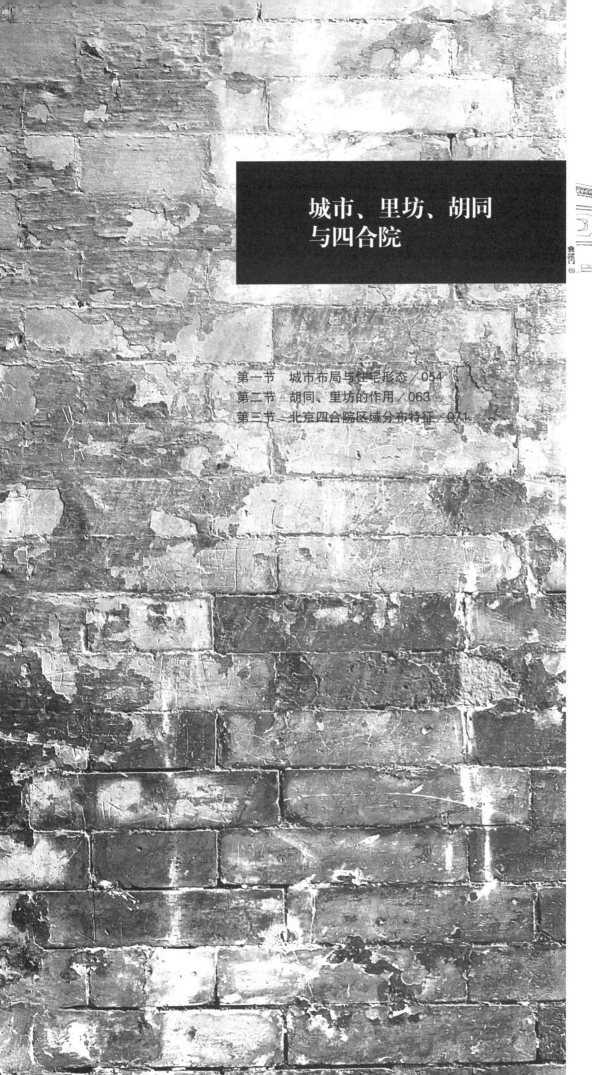

第一节　城市布局与住宅形态

一、从蓟城到明清北京城

北京是中国的六大古都之一。早在距今3000余年前的西周，蓟城就是蓟国的首都，据北魏郦道元《水经注》记载："蓟、燕二国，俱武王立，因燕山、蓟丘为名，其地足自立国。蓟微燕盛，乃并蓟国居之。"蓟城也就成了燕国的都城。现北京广安门外滨河公园内有"蓟城纪念柱"，标明了蓟城所在的地理位置。

秦时蓟城为广阳郡的治所，是秦王朝统一后的北方重镇。西汉广阳郡改为燕王封地，都城。北魏统一中国北方以后，蓟城作为燕郡，幽州治。隋唐时期，统治者数次出征高丽，强化了幽州的军事地位，唐幽州（亦称蓟城）仿长安规制而建，采用棋盘式的布局形式，城内设28个里坊。宋辽时期，辽统治者出于政治、经济、军事的需要，升幽州为陪都，作为"五京"之一的南京城。

金时政府颁布《议迁都燕京诏》，将辽南京扩建，都城仿北宋汴梁形制，采用宫城居中，外套皇城、外城的布局方式，仍保留唐代的里坊制，全城共62个里坊，并在城市的东北郊建大宁宫（今北海琼华岛）。金于1153年正式迁都，改名中都，这是北京作为首都的起始。

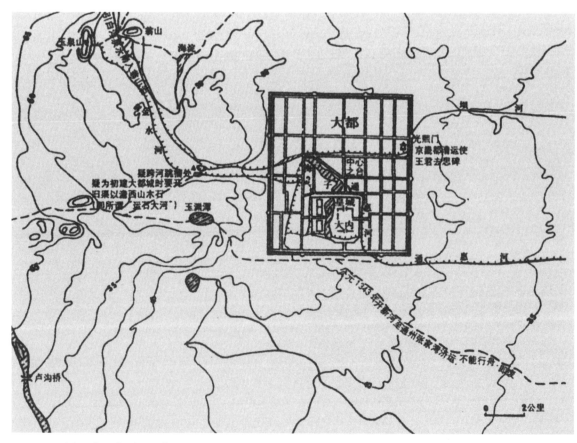

图2-1　元大都区位—《北京民居》

元灭金以后，元世祖忽必烈放弃金中都，将都城位置北移，改称为大都（图2-1）。元大都建在金中都的东北郊，城市以宫城、皇城为核心，道路系统呈方格网状，外轮廓近似方形。仿周制"左祖右社，面朝后市"[1]的格局，元大都的皇城位于城市的南部，其东设太庙，西为社稷坛，北为商业区。居住区分散于城市的50个里坊内，里坊以胡同作为次要交通系统，两条胡同之间的地带建四合院住宅（图2-2）。

明北京的城市布局与元大都规划有重大的关系。

明朝北京是在元大都的基础上改建和扩建而成的。明成祖迁都前后，将元大都北面约五里宽的荒凉地带放弃，并向南扩展二里。嘉靖三十二年（1553年）又加筑外城。明北京外城东西7950m，南北3100m，南面三座城门，东西各一座城门，北面除通往内城的三座门外，东西两角各有一座城门。内城东西6650m，南北5350m，城门南面三座（即外城北面三座城门），东、西、北三面各有两座门。皇城位于内城中部偏南，且内套紫禁城。紫禁城东侧建太庙，西侧建社稷坛，再加上内城外的天、地、日、月坛，形成了皇家祀拜的主要场所。明北京全城有一条贯穿南北的中轴线，它南起永定门，北止钟鼓楼。明北京街道坊巷基本上采用了元大都的规划系统，商业区则集中在鼓楼、东四、西四、正阳门一带，市内还有许多分散的行市。

清代建都北京以后，大致延续了明代北京的城市格局，但清初实施的"满汉分居"制度，使城市产生了一些变化。清顺治五年（1648年），朝廷颁布了京城满、汉分城居住的谕令，这种制度使清代北京的城市格局有别于

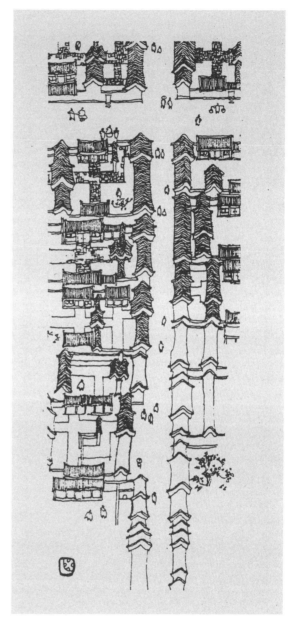

1. 考工记·匠人。

图2-2　胡同空间—《北京四合院》（原版），作者自绘

明代：在内城，清廷修建了大量的王公府第，旗人按八旗方位划分居住，城内不许开设旅馆、戏楼；在外城，"宣南"地区云集着外省会馆和汉官住宅，前门外形成了京城最繁华的商业区，崇文门外是手工业作坊区和城市平民居住区（图2-3）。

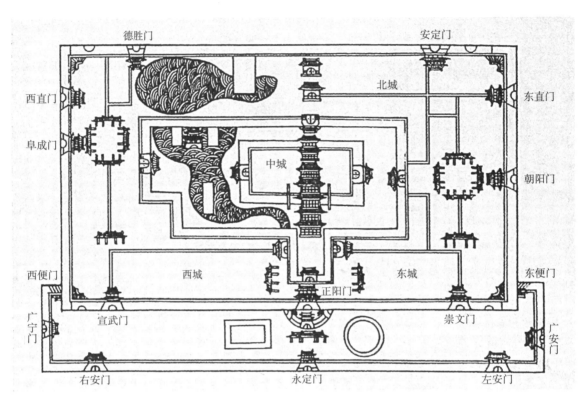

图2-3a　明代北京城区划分图—《北京民居》

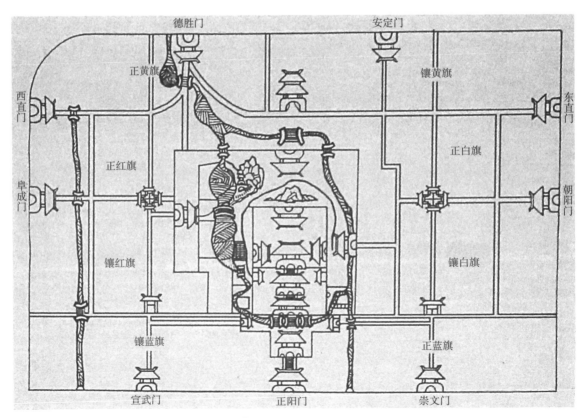

图2-3b　清代北京内城八旗驻地区划—《北京民居》

二、明清北京建筑类型

1. 宫殿建筑——故宫

故宫又称紫禁城，是明清两朝的宫城，明永乐十五年（1417年）始建，仿明南京宫殿规制，后有部分建筑重建、增建，总体上仍保持明代的格局。

故宫位于北京内城中心，南北长961米，东西宽753米，东、南、西、北分设东华门、午门、西华门、玄武门。故宫建筑大体分为外朝、内廷两大区域：外朝位于南部，是举行典礼、处理朝政的场所；内廷位于北部，是皇帝及家族居住的后宫。整个故宫分中、东、西三路布局，中路轴线上的重要建筑有太和殿、中和殿、保和殿三大殿与乾清宫、交泰殿、坤宁宫后三宫，此轴线与城市的中轴线重合。故宫的布局遵循周代"三朝五门"与"前朝后寝"的宫殿规制，堪称中国古代大型建筑群的典范（图2-4）。

2. 坛庙建筑——天坛

明清北京的坛庙包括天坛、地坛、日坛、月坛、社稷坛、太庙、孔庙等建筑，其中天坛是最重要的坛庙之一。

天坛位于北京外城南部，建于明代，南北1657m，东西1703m，内外两层坛墙布局，呈北圆南方状。外坛西侧开两门，内坛主要建筑圜丘和祈年殿位于南北轴线上。圜丘始建于明代，清乾隆年间扩建，平面布局内圆外方，以喻"天圆地方"，坛为三层高的圆台，是拜天祈福的礼仪场所。祈年殿位于内坛北部，坐落在三重圆形台基上，建筑采用三重檐攒尖顶蓝瓦圆形殿，殿内用檐柱、金柱、支撑梁架，柱子根数象征天象时令，整个建筑是举行祈谷礼的场所（图2-5）。

3. 宗教建筑——法源寺

北京是一座佛教、道教、伊斯兰教、天主教、基督教五大宗教并存的城市，宗教建筑密集。据《乾隆京城地图》载，当时全城的寺庙多达1300余座，在此仅以北京旧城内最古老的佛寺——法源寺为例。

法源寺位于宣武门外教子胡同，至今已有1300多年历史。该寺初创于唐代，后经历代修建，延续至今。法源寺建筑规模宏大，结构严谨，采用中轴对称格局，由南至北依次有山门、钟楼、鼓楼、天王殿、大雄宝殿、观音殿、毗

图2-4　故宫鸟瞰—全景网

图2-5　天坛祈年殿—《北京民居》

图2-6　法源寺—全景网

图2-7　北京升平署—百度图片

卢殿、大悲坛、藏经阁及东西廊庑等，共七进六院。1983年法源寺被国务院确定为佛教全国重点寺院（图2-6）。

4. 官署建筑——升平署

明清北京有各级官署机构，主要分为中央、地方、内府三类。中央官署多集中在天安门千步廊两侧，地方官署分布于内、外城。现保存完好的衙署建筑是升平署。

北京升平署旧址位于南长街南口路西，是清代掌管宫廷戏曲演出的机构。始于康熙年间，隶属内务府，称南府。道光年间扩建，改南府为升平署。升平署旧址现为北京161中学校舍，升平署戏楼院是保存较好的一组建筑，四合院布局，内有戏楼一座，适合观赏演出，现为北京市重点文物保护单位（图2-7）。

5. 学校建筑——顺天府学

清代北京官办的学校分为三种：一是国学，如国子监；二是府学，如顺天府学；三是地方官学，即专为八旗子弟开设的学校。近代清廷推行"新政"，又兴办了一批新式学校。

顺天府学位于府学胡同65号，原为元代太和观，明永乐年间改为顺天府学，后经多次修建，至清嘉庆年间形成完整的格局。顺天府学总体布局分为东、西两路，"右庙左学"之制，西路为两进院的文庙，南北中轴线上排列着大门、大成门、大成殿，东西两侧建有厢房。东路为顺天府学，大门三间，两旁原为科房、文昌殿，向北经二门至后院，轴线上有明伦堂、崇圣祠、尊经阁等重要建筑，东西两侧布置教室、斋舍等建筑（图2-8）。

6. 皇家苑囿——西苑

西苑位于北京故宫西侧，由南海、中海、北海三大部分组成。这里原为辽南京的离宫，金中都的大宁宫，元大都的太液池，明清时期辟为皇家御苑，是国内现存历史最为悠久、形制最为完整的皇家园林。

西苑的北海规模宏大，造园手法融合了北方皇家园林和江南私家园林的风格。北海总体布局以池岛为中心，湖面周围布置若干建筑群，全园空间以琼华岛引领，岛上建筑依山而置，

图2-8　顺天府学校—百度图片

图2-9　西苑—百度图片

山顶为永安寺白塔。中海、南海水面稍小，中海狭长，沿岸有万寿殿、紫光阁等建筑，南海水中有瀛台，岸边建筑物天际线平缓（图2-9）。

三、明清北京——一座四合院化的城市

历史表明，人类城市的产生，经历了漫长的发展过程。大约在距今15000年左右，人们渐渐地采用了以住房为特征的室居方式。随着人类社会两次大分工，村庄与集市应运而生，最终形成了早期的城市。当代城市学家将这种过程归纳为住房—聚居—区域的演进体系[1]。因此，我们可以说，城市起源于住宅。

从横向的角度分析，城市与住宅亦具有千丝万缕的联系。一方面，住宅是城市的细胞；另一方面，城市是住宅的集合体；城市的更新势必影响到住宅，住宅的变化又反馈到城市中去，二者无法绝对分离。基于上述两方面的原因，我们认为，城市与住宅之间，存在着某种天然的一致性，即城市与住宅同构。随着历史的演进，这种同构逐渐趋于淡化。

与西方城市发展道路不同，中国古代城市未能脱离住宅的母体。无论是城市空间结构，还是城市社会组织，住宅及家庭的影响均有所反映。而这种现象，在明清时期的北京，表现得尤为突出。

明清北京城市有如下几点特征：

第一，以宫城为核心，外套皇城、内城，并与外城邻接；

第二，城市空间以南北中轴线引领，祖社、衙署、坛庙沿轴线对称排列；

第三，城市边界用城墙围合，城门、牌楼划分空间；

第四，街道系统呈棋盘状，大小主次分明；

第五，挖池筑山，形成了城市自然景观。

1. 中国大百科全书（建筑、园林、城市规划卷）. 中国大百科全书出版社，1988. 42.

与此同时，明清时期北京建筑亦有类似特征：

第一，宫殿、坛庙、宗教、衙署、学校等建筑多采用合院式布局形式；

第二，按南北中轴线依次排列主要建筑；

第三，内外空间分区明确；

第四，建筑大小讲究秩序，平面布局有内在的数理关系；

第五，强调对自然空间的引入。

接下来，再让我们看看北京四合院的形态特征：

第一，采用正房为核心，外套院落的组合方式；

第二，住宅南北中轴线依次排列倒座、垂花门、正房、后罩房等建筑，厢房、耳房沿轴线对称布置；

第三，内院、外院分区明显，院门、围墙限定空间；

第四，住宅平面有内在的尺度关系，间、房、院形成住宅；

第五，小型住宅种花植木，大型住宅建有花园。

倘若将北京城市、建筑与四合院比较，我们发现它们之间存在着许多相似之处，可以说北京是四合院化的城市，四合院是城市化的住宅。

归纳起来，北京城市、建筑与四合院住宅的相似之处，表现在如下几个方面：

1. 方整的院落、模数化格局

合院式布局是明清北京城的显著特征。从城市层面上看，外城、内城、皇城是一种扩大式的院落，从建筑层面上看，宫殿、寺庙、衙署通常以多路、多进院落组合，从住宅层面上看，北京四合院为典型的中庭式住宅。由此看来，明清北京可称之为"院城"。

进一步分析，所有的院落均采用方整的图

形，其骨架结构可归结到"间"。简单地说，"间"是指中国古代建筑柱网轴线相交所形成的空间。现以住宅为例，在北京四合院中，间是最基本的发展单元，由此构成各个单体建筑。间的扩大组合，构成了住宅的"合院体系"，经过合院体系在量上的逐渐集合与演变，又构成了里坊的空间，最终形成了具有"院味"的都市空间。由于城市与住宅均以间作为统一的模数，因此它们在形态上具有同一性。

中国著名建筑史学家傅熹年先生曾对北京故宫进行了数理分析，现转引侯幼彬、李婉贞编《中国古代建筑历史图说》一书的叙述：[1] "紫禁城的后两宫宫院（即后来的后三宫宫院）宽118m，长218m，这个尺寸在宫城规划中有明显的模数意义。前三殿宫院加上乾清门门院的占地面积，也与后两宫宫院尺度很接近。触目的前三殿工字形大台基，其宽度与长度的比例为5：9，显然隐喻着'王者居九五富贵之位'的意义。紫禁城中许多重要尺寸的选定，都存在着类似缜密用心。"（图2-10）

2. 轴线对称、内外有别

如前所述，北京城市与四合院都有一条贯穿南北的轴线。然而，这条轴线不仅起着对称作用，而且暗示着等级与秩序。

就城市而言，北京的纵向城市空间可以划分为三大部分：从永定门到正阳门之间，是城市纵向的引入空间；从正阳门到景山，是城市纵向的主体空间；从景山到钟鼓楼，是城市纵向的结束空间。这三大部分由于所处的位置不同而尺度各异，其中以主体空间的尺度最为宏大，它包括了千步廊、天安门、端门、午门以及故宫三大殿等诸多的重要建筑。这些建筑与城市纵向三大空间一样，由一条近8公里的南北轴线串联，从而构成了一套严谨的空间序列。另一方面，等级的体现还表现在各段空间的内

1. 丘菊贤，杨东晨. 中华都城要览. 河南大学出版社，1989. 310.

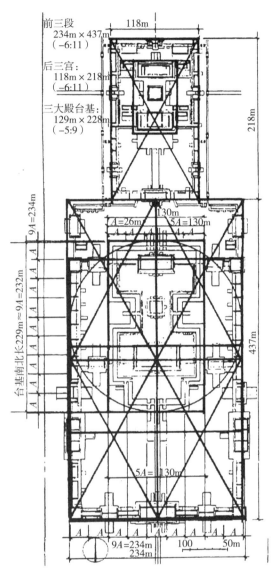

图2-10　傅熹年所作前三殿宫院和后三宫宫院的尺度分析—《中国古代建筑历史图说》

部。例如，位于主体空间中的故宫，把太和殿置于最显赫的地位，太和殿的开间、进深、屋顶式样，甚至建筑的高度都远远超过周围其他建筑。北京四合院也是如此，住宅中南北轴线上的建筑以正房居于首位，厢房次之，倒座为下。

按现代建筑理论理解，建筑的空间可以被区分为内部空间和外部空间。一般来说，内部空间具有私密的特征，外部空间具有公共的特质。北京城市与四合院则把这种区分推向了顶

点：明清北京分为内城、外城；故宫分为内朝、外朝；在北京四合院里也有内院与外院的区别。实质上，内外空间除了具有私密与公共的性质以外，还存在着统治与附庸的关系。具体地说，内城的贵族统治着外城的百姓，内朝的天子统治着外朝的群臣，内院的主人统治着外院的仆人（图2-11）。

3. 自然空间、门墙现象

都市的空间是有限的，但有限的空间却禁锢不住人们对无限的追求，这就是对大自然的引入。北京的自然空间具有三个层次：

都市的自然空间用南海、中海、北海、什刹海等作为主线，景山作为通览，以形成城市最主要的自然景观。

宫殿、寺庙、里坊、街道的自然空间以植树为主，或开辟花园。例如，故宫的前部建筑布局十分严谨，而在它的后部，则穿插着御花园和乾隆花园等。

至于住宅，在大型宅第一般都有大面积的山石和水面。较小的宅院，或叠置几块山石，或种植几株花木。总之，对自然空间的引入是必不可少的（图2-12）。

道道城门、院门，层层城墙、院墙是北京城市与四合院的又一共同特征。我们不妨称之为"门墙现象"。

北京内城与外城的城门共有16个，如果加上皇城、宫城的城门，总数多达数十个，更不用说坊门、牌楼了。那么，北京四合院住宅又有多少个门呢？典型明清北京四合院占地仅一亩左右，而各院的院门就有近10个，当然这并不包括各房的房门。围墙也是如此，北京的内城有三套城墙，以区分内城、皇城、宫城的空间。在四合院住宅中，大院套中院，中院套小院，各院之间也用院墙分割。从某种意义上说，明清北京城真可谓门、墙博物馆。

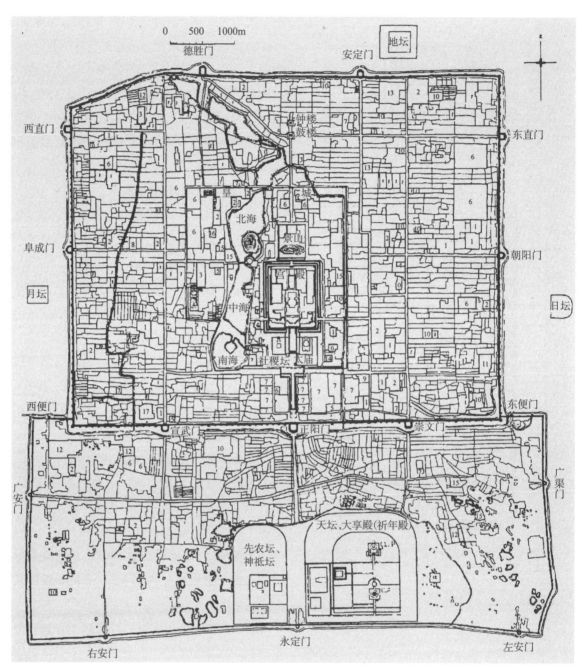

图2-11　清代北京内外城全图（乾隆时期）—《中国古代建筑历史图说》

　　我们认为，北京城市、建筑、住宅形态同构的现象可以追溯到周代。西周时期中国的土地制度是"井田制"，据《孟子·滕文公上》载："方里而井，井九百亩。其中为公田，八家皆为私百亩，同养公田。公事毕，然后敢治私事"。

当时"井田制"的影响十分广泛，其"九宫格"式的平面布局被"营国制度"、"宫室制度"所采用。此后，随着儒家地位上升，历朝历代多效仿西周都城、宫室、住宅的规制，这一点在汉以后的封建都城中均有所反映。

图2-12 四合院中碓山筑石（张振光摄影）

第二节 胡同、里坊的作用

一、北京城市里坊的演变

坊，原称为里。《周书·酒诰》曰："越百姓里居"。至隋始改称坊。从字义上看，古时"坊"、"防"同义，《说文解字》云："防之俗作坊"，可见坊是防的俗写。中国的里坊制度始于西周，它的产生伴随深刻的历史背景和社会原因。

里坊的形成，从根本上来说，是源于宗法血缘关系。原始社会的氏族聚落本质上是血缘与地缘合一的实体，随着社会的发展，阶级和

国家出现，地域共同体逐渐取代了血缘共同体。但血缘的认同仍留下了古老的痕迹，这就是人们往往习惯于同族、同姓、同乡聚居。

溯其社会原因，西周的里坊是将农村中的"井田制"、"乡逐制度"在城市中的移植。同时出于防卫的需要，城市里坊内的基层组织采用军队的编制系统（图2-13）。

北京城市里坊制度的演变有其自身的规律。史料表明，唐代幽州城方圆25里，城内被划分为28个坊，各坊四周筑围墙，出入口修建坊门和门楼，平时有士兵把守，夜晚实行宵禁。元代以后，北京的里坊一改过去封闭式的格局，

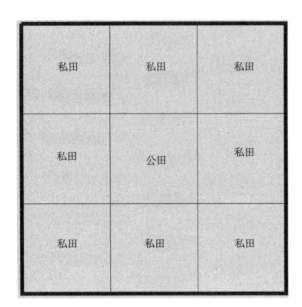

图2-13a　井田制度图示—作者自绘

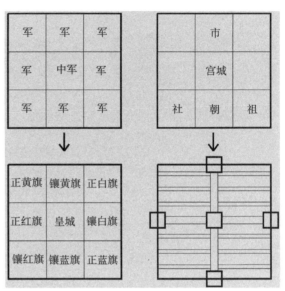

图2-13b　军队布防与里坊制度—作者自绘

各坊的空间一般以街道限定，坊有坊门，坊门的位置多选在显要地带，专司坊务的机关叫警巡院。明初，北平府设33个坊，永乐后北平改称北京，城区划分为五城，下设40个坊。清代承袭明制，仍设五城，下设40个坊。清末，政府废除了城坊建置，北京全城被划分为22个区。至此，北京乃至全国的里坊制度彻底消失。

综上所述，北京城市里坊制度演变的总趋势是：形态上，从封闭式的里坊向开敞式的里坊转变；数量上，经历了由多到少的过程；内容上，从居住的实体过渡到名存实无。时至今日，北京城市里坊制度所保留下来的痕迹，仅仅是称呼（北京人仍把自己的邻居称作街坊）和某些地名（图2-14）。

二、里坊的中介作用

明清北京城内的里坊，大致相当于现今街道办事处的规模。里坊的中介作用有联络城市与住宅的空间、提供居民日常服务、实施上层对下层的管理、满足人们定向居住的要求等。里坊是城市空间到住宅空间的过渡。一般里坊内部空间比较安静，不设城市干道，没有喧闹的广场，是一个半公共性质的中介空间。

里坊的外部多与街道相邻。北京街道命名大体上以住户为主的叫胡同，以商号为主的叫街，坊内居民所需日常生活用品多到坊边街道上购买，坊是组织居民日常生活的场所。北京里坊的另一种功能是对居民的管理，坊是一种行政单位。据《宛署杂记》载："若五城正副兵马，既各司一城，一城之中，又各司一坊，临辖固亲，铃束亦易，催者不敢不用命，纳者不敢不依期。"坊下又设若干铺，"每铺立铺头火夫三五人，而统之以总甲"。其任务是维护社会治安和领取地方公事，明清北京的总铺设在现总布胡同内（图2-15）。倘若将坊、铺的行政职能与今天比较，坊相当于现在的街道办事处，而铺兼有居民委员会和派出所的功能。又则，明清北京里坊中有同行、同族、同教相聚的现象，每个里坊都具有各自的地方特色。

三、北京胡同状况

关于胡同一词的来源说法不一。

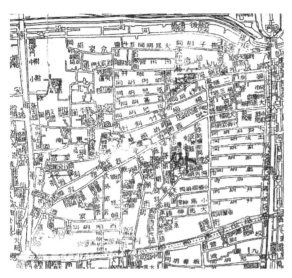

图2-14　大栅栏地区—乾隆京城全图

图2-15　总布胡同现状—作者拍摄

其一，胡同出于金元时期，属蒙古语系。蒙古人称镇为"浩特"，称村落为"霍多"，当他们进入华北、中原以后，转音称城市街道为胡同。

其二，胡同本意是蒙古语"水井"。如好井称为"赛音忽洞"，双井叫"哈业忽洞"。元代大都一般每条胡同都有水井，因此人们把水井作为街道的代称。

其三，按《宛署杂记》的说法："本元人语。字从胡，从同，盖取胡人大同之意。"

此外，也有些人认为，我国东南地区称"巷"为"火"，北京的胡同是南方"火"一词的转音。

北京的胡同究竟有多少条呢？根据明代张爵《京城五城坊巷胡同集》所录，当时的胡同有1236条。到了清乾隆年间，在《乾隆京城全图》中标明的胡同已有1500条左右，清末又增至1860多条（图2-16）。民国年间，据《北平指南》记载，内城胡同1800多条，外城1400多条，总数达3200多条。20世纪50年代初，北京城区内的胡同多达4550条。

北京胡同的名称反映了城市生活及市民观

念。若分门别类，大体上有以日常生活用品命名的，如大盘胡同、锅腔胡同、碗架子胡同等；有以人物命名的，如王大人胡同、骚达胡同；还有以地势地形、经济生活、重要建筑及缘语佳名等命名的胡同。

元代大都的胡同整齐划一，两胡同之间的距离为60～70m，均呈东西走向。明清时期，由

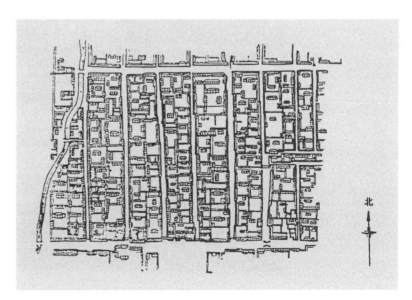

图2-16　乾隆京城全图中的胡同—《北京民居》

于北京城市人口增长，原有的城市空地如校场、贡院、荒地、菜地、河岸等都被用于建宅，因此北京的胡同不再严格规整，长度和宽度大小不一，并出现了许多南北走向的胡同及随地形变化的胡同，这种状况在外城中表现得更为明显（图2-17）。

从宏观上看，胡同还可作为考证北京四合院影响范围的重要评价参数。东北的哈尔滨有守卫胡同、先觉胡同、高士胡同、染房胡同等，吉林有头条胡同、菜市胡同、向阳胡同、大塔胡同等。津浦线上，天津、济宁等地有胡同；京汉线上，石家庄、开封胡同较多。此外，山西、陕西、内蒙古的许多城市也有胡同。我们认为，街道中胡同所占的比率较高的城市，在文化上受元大都及明清北京的影响较大，其住宅形制与北京四合院关联度较高。

四、胡同的空间与功能

北京的胡同属于封闭式带形空间，数百米狭长通道对外只有两个出入口，其横断面平均宽度大约7m，两旁住宅墙的高度4m左右，断面的宽高比为1<D/H<2，尺度适宜。就胡同轮廓线而言，由于各户房屋错落有致，胡同的天际线在统一中富于韵律。加上有典雅的宅门、优美的影壁、古老的树林，使胡同的空间更加丰富（图2-18）。

与里坊相似，胡同的空间也具有中介的性质。从都市的角度看，胡同的空间属于内部空间，而从住宅上分析，它属于外部空间，实质上它是一种比里坊更为私密的半公共性动态空间。

胡同除了具有交通功能之外，它还是一种人际交往的场所。老北京人晚饭后常在胡同内聊

图2-17　北京现存最古老的元代砖塔胡同—《北京胡同》五洲版

图2-18　胡同街景—作者拍摄

图2-19a　胡同生活场景1—张振光 摄影

图2-19b　胡同生活场景2—《北京胡同志》

天、下棋，平日人们出入相友、守望相助、疾病相抚，使胡同的空间呈现出浓郁的生活气息。久而久之，居民们把胡同空间看作是宅院空间的外延，并以胡同作为维系邻里感情的纽带（图2-19）。此外，胡同空间对居家还有一种保护功能。旧时北京胡同入口设置栅栏，每日有人按时启闭。《乾隆大清会典》曰："……卅九年准奏外城各街道胡同设有栅栏至为严密，交五城不时稽查，务令以时启闭，栅顶仍钉木板，书写街道胡同各色。"关于北京栅栏数目，"雍正七年复准外城栅栏共四百四十座，均令兵丁看守……十八年复准内城栅栏共四百九十九座，皇城内栅栏一百六十有六座。"当时北京的栅栏不少于1105座。目前，北京某些地名仍保留栅栏的称呼，如大栅栏、双栅栏等（图2-20）。

五、胡同中的建筑

旧时北京街道的称呼主要有两种，以商铺为主的叫街，以住宅为主的叫胡同，此外还有口、条、巷、里、坊、市、路等称呼。胡同与

图2-20　大栅栏入口现状—作者拍摄

四合院住宅相连，是元大都的居住规制，到了明清时期，胡同中出现了一些其他类型的建筑。根据张清常先生对北京地名的考证，胡同中较多的建筑有寺庙、市场、工厂、库房、军营、衙署等，这些地名从另一个侧面反映了老北京人的生活，现分述如下。

1. 寺庙

明清北京是一座寺庙众多的城市。现仍有56个街巷名称与清代以前的庙宇有关，如柏林胡同、宝产胡同、正觉胡同、护国寺街、白塔寺东夹道等。从名称上看：佛教建筑称寺、庵、庙，如法源寺后街、观音庵胡同、城隍庙街；道教建筑称观、宫、阁，如清虚观、灵境宫（灵境胡同）、玉阁胡同。从性质上看，老北京的寺庙有官办的，也有民间的，这些寺庙为老百姓提供祈福、聚会的场所。

2. 市场

明清时期北京的商业较为发达，全城除了有东四、西四、前门等大型商业中心之外，还有位于胡同、街巷的特色市场。如经营金融类的有珠宝市、元宝胡同、施家胡同；经营主食的有干面胡同、黄米胡同、白米斜街；经营副食的有鲜鱼口、羊肉胡同、菜帮胡同；经营燃料的有煤市街、煤渣胡同、劈柴胡同；经营服装的有帽儿胡同、袜子胡同、裤子胡同；经营日用品的有锅腔胡同、烟袋斜街、灯草胡同。此外，还有一些集市成为街巷名称，如灯市、晓市、缸瓦市等。粗略统计，与市场有关的胡同名称高达300余个，可见当时百姓购物较为方便。

3. 工厂与库房

明代北京的手工业较为发达，有官办的工厂，也有私人的作坊，许多工厂的名称被保留在街巷之中。从区位上看，官办工厂多集中在外城及关厢地区，如琉璃厂、台基厂、大木厂；私人作坊则分布全城，如打磨厂、染坊胡同、油坊胡同。与此同时，明清北京还有许多以库房命名的胡同，如海运仓、西什库、磁器库、北新仓胡同、蜡库胡同等（图2-22）。

4. 军营

明代朝廷在京驻军分为三种：一是正规部队，驻地称卫；二是治安警察，驻地称兵马司；三是监察、军政部门，驻地称厂、府、营。与明代驻军有关的胡同名称有校尉胡同、卫儿胡同、北兵马司胡同、东厂胡同、帅府胡同、武德卫营等。

清初八旗部队进驻北京，城外西北部有一些地名与部队有关，如西三旗、蓝旗营、红旗村等。

5. 官府衙门

明清官府衙门大致可以划分为三类：其一，中央官署，按吏部、礼部、户部、工部、刑部、兵部划分，统称六部；其二，地方官署，下辖两县五城若干个坊；其三，内务官署，主要为内务服务机构。现保留官府衙门的地名有国子监街、府学胡同、大兴胡同、教场胡同、火药局胡同、织染局胡同、酒醋局胡同、大石作胡同等。

6. 其他

北京胡同中还有一些与老百姓日常生活相关的建筑，从地名中可略知一二，如澡堂子胡同、剃头栅胡同、棚铺夹道、厨子营、粉房胡同等。

图2-21a　白塔寺地区现生活场景—作者拍摄

图2-21b　护国寺街现生活场景—作者拍摄

图2-21c　法源寺入口—作者拍摄

图2-21d　广济寺（张振光 摄影）

图2-22　西什库（张振光 摄影）

第三节　北京四合院区域分布特征

一、各阶层分布状况

明北京下辖五城：中城位于正阳门内及皇城两边地区（即东单、西单，东四、西四之间的地区）；北城包括地安门以北，安定、德胜两门内及北关外；东城、西城、南城的方位是朝阳门内、阜成门内、前三门外地区。五城内的居民构成状况，我们从明代京师俗语中可略知一二[1]：东城大富商贾云集；西城运货的脚夫多；北城治安较差；中城是京师贵族的居住区；南城住家很少，多被金鱼池、陶然亭、天坛等苑囿坛庙所占。

入清，北京的内城被满洲旗人所占。当时的八旗军旅按指定地点居住，以拱卫皇居。稍后，清统治者放宽限制，允许汉族高官和部分蒙古族人、回族人在内城居住。

清末北京各个阶层分布情况为：皇城以内的地区是内府官员的办公与住宅区；皇城以外的东交民巷一带是外国使馆区；西城、北城有许多王府，属于贵族及内府当差人的居住区；东城主要是高级富商的宅邸，北京俗语有："东富西贵，东直门的宅子，西直门的府"之说；北京外城宣武门一带的会馆，为各省官员、举子寓居之地，附近有著名的琉璃厂文化区；前门一带是北京主要的商业中心，寄宿着大批商人；小手工业者主要居住在崇文门外，天桥一带是昔日北京的贫民区。

另一方面，北京的少数民族也有自己的聚居地。回族主要集中在北京的五大回回营，具体是新华门外东安福胡同回回营，宣武门内马石桥回回营，还有德胜门、西直门、地安门附近的另外三个回回营。蒙古族人多居住在西北城一带，从地名学考证，鞑子馆是蒙古族商人居住的地方，北京安定门、西直门附近有许多鞑子馆，还有一些以鞑子命名的胡同。

二、住宅形制的分布

与各阶层居住分布情况相符，北京四合院形制等级的高低、院落的大小也具有明显的区域性。从清代北京地图上可以看出：贵族的王府多集中在内城的西北一带，尤其以什刹海附近的王府居多。较好的宅第分布于内城和外城宣武门外地区。城市贫民的陋宅绝大部分位于外城，由于数家合用一院，且仅有一两进院落，北京人称之为大杂院或四合房。

归纳起来，北京四合院的分布有如下几方面的特征：

——总体上，内城的宅院较大，等级较高；外城的宅院较小，等级较低。

——内城的东北、西北一带，集中了北京城内最好的四合院。

——内外城根及外城的大部分地区，多为平民百姓的陋宅。

——东西走向胡同中的住宅，往往比南北向或随地形变化胡同中的住宅好。

——两胡同之间间距大的宅院，往往比胡同间距小的住宅好。

下面让我们看看几个实例。

1．什刹海地区

什刹海地区位于地安门外大街西侧，这里自然风景优美，人文底蕴深厚，贵族府邸云集。

清代北京的王府多集中在西城，以什刹海地区最为集中。主要原因有三：一是清代皇室活动多在西城举行，二是八旗子弟学校以西城为多，三是什刹海自然景观与人文环境优越。目前什刹海地区仍保存了大量的王公府邸，包括恭王府、醇王府、庆王府、阿拉善王府、涛

1．明代京师俗语为："东城——布帛菽粟，西城——牛马柴炭，南城——禽鱼花鸟，北城——衣冠盗贼，中城——珠宝锦绣。"

图2-23a　恭王府—作者拍摄

贝勒府、棍贝子府等，这些王府规模大、等级高，属京城四合院中的上品（图2-23）。

2．南锣鼓巷地区

南锣鼓巷地区位于鼓楼东大街南侧，其东部元代称昭回坊，西部称靖恭坊，两坊之间南北向的道路就是南锣鼓巷，总占地面积约1km²。

据考证，现该地区胡同为元代所建，呈东西走向，两条胡同的间距60～70m，街区形态保留了里坊制的风格。明清时期这里曾是高官贵族的居住区，现存四合院多为清代所建，住宅规制高，以三进院、四进院为主，院落布局十分规整（图2-24）。

图2-23b　涛贝勒府—《四合院情思》

图2-24　南锣鼓巷—百度图片

3. 西四北地区

西四北地区含西四北头条至八条，元代属鸣玉坊，明代为高官居住区，如明代西四北二条称武安侯胡同。入清以后，该地区属正红旗地界，为品官的居住区。目前该地区胡同仍为元代所建，现存四合院中有许多是四、五进的大宅，还有一些带跨院、带花园的住宅。

4. 东四地区

旧时北京有"东富西贵"之说，其中"东富"就是指居住在东四地区的富商。历史上北京漕运码头及仓储用地多集中在朝阳门一带，许多商人在附近居住，现东四一条至十条就是当时富人的居住区。该地区住宅规模大，建造豪华，但住宅大门多为如意门，不能使用品官专用的广亮大门和金柱大门。

5. 外城斜街地区

北京外城的斜街群主要有两片，一片位于宣南，另一片位于崇外。

宣南的斜街形成与元大都有关。元大都建成后金中都仍被使用，当时联系新旧两城的道路呈斜向，即位于前门至虎坊桥一线，包括今铁树斜街、大栅栏西街、樱桃斜街、杨梅竹斜街、炭儿胡同、取灯胡同等。与内城四合院不同，该地区四合院住宅朝向不是正南北向，而是向东偏斜，与斜街的走向保持对应关系。外城另一片斜街位于崇外鲜鱼口地区。该地区道路走向呈弧形，据说与前门外古三里河河道的走向有关。旧时生活在此的居民主要为手工业者及城市贫民，住宅多为一进院或三合院，布局灵活，形制简陋。现草场三条至九条街区仍保留了这种院落。

第三章

北京四合院类型

第一节　王府

一、王府的历史沿革

北京的王府起源于元代。据元《析津志》载："文明门，即哈达门。哈达大王府在门内，因名之。"明初，明太祖朱元璋封其四子朱棣为燕王，建燕王府，地点位于今中海。明成祖朱棣称帝后，于永乐十五年（1417年）在东安门附近建十王府。清入关以后，统治者吸取了历代封藩制度的教训，只封爵而不赐土，把诸王留在京城，赐建府邸，形成了清代王府汇聚于北京的局面。

清代北京王府的建造大致可以分为三个时期：清初至顺治末年，主要以"八大铁帽子王府"的建造为代表；顺治末年至乾隆后期，多数王府在这一时期建造；嘉庆年间至清末，新建的王府不多，所封王府大多数使用一些旧府。

清初北京的王府主要集中在东城，朝廷将明代豪宅加以改造，分给诸王。据《天咫偶闻》记载："内城诸宅，多明代勋亲之所"。清中后期北京的王府集中在西城，西城经常有皇室活动，又有许多八旗贵族学校，宣武门内、西四地区、什刹海地区是王府的聚集地。

按清代律法规定，府可分为以下几类。

1．按名称分类

亲王、郡王的住宅称"王府"，贝勒、贝子、镇国公等皇室贵族的住宅称为"府"，高官住所只能称"宅"或"第"。

2．按规模大小分类

清朝律法对府的营建规模有严格的限定，不得僭越。亲王府规模最大，郡王府次之，其他府邸按等级高低规模递减（图3-1）。

3．按府主的出身分类

王府有"潜龙邸"和一般王府之分。按清代皇族规制，一旦王府有王子登基成为皇帝，此王府就被称为"潜龙邸"，并将该府邸改为寺庙等用，如北京的雍和宫。

在北京四合院中，王府是一种较为特殊的建筑。这不仅表现在王府集办公、居住于一体，还表现在它有一套程式化的格局。在规制方面，清顺治九年（1652年）清廷颁布条例，对王府的规模、布局、建筑、装饰、色彩、尺度等方面进行了详细的规定，后被严格效法。在使用方面，清廷每逢新的皇帝登基，照例宗室封爵，并赐府第。王府是皇产，由内务府管理，居住者一旦被撤销王位，就要相应撤府，以备将来再分配给他人使用。

二、清代王府建筑

1．平面布局

清代王府中路形制一律统一。王府坐北朝南，王府大门临街，入门后为庭院（俗称狮子院），院内东西两侧设边门（阿斯门），正北为府门。进府门东西两侧为配殿，正北是大殿（银安殿），大殿两侧有边门通向二府门。二府门内东西仍为配殿，正北是后殿，后殿的北部有东、西、北三面围合的后罩楼。王府的其他部分，如起居、花园等因宅而异，没有统一的规定。

根据对现存王府的考证，北京清代王府平面布局是由多路多进的院落组成。归纳起来，清代王府建筑总平面布局有三种形式：即一主一辅两路式布局，如郑亲王府；一主两辅三路式布局，如恭亲王府；一主多路式布局，如庆亲王府。王府花园布局的位置较为灵活，有布置在王府一侧的，还有布置在王府后部的（图3-3）。

2．单体建筑

北京清代王府单体建筑规制严格，类型众多，现简要介绍如下。

① 王府大门

按照清朝规制：王府大门亲王府七间，郡王府五间。屋顶为歇山顶或硬山顶，亲王府门

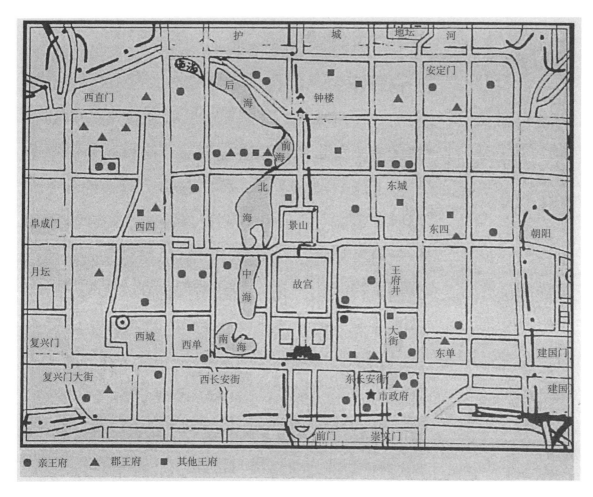

图3-1　北京清代王府分布示意图—《北京民居》

屋顶可覆盖绿色琉璃瓦，郡王府只能用灰色筒瓦。王府大门建在台基上，大门附近有影壁、上马石、拴马柱等小品建筑（图3-4）。

②正殿

正殿又称银安殿，是王府最高等级的建筑，也是王府举行重大礼仪活动的场所。以亲王府正殿为例，正殿七间，歇山顶，绿琉璃瓦，殿脊置鸱吻，建于月台之上，殿内可用旋子彩画（图3-5）。

③后殿

后殿是王府日常礼仪性建筑。亲王府后殿七间，歇山顶，也有用硬山顶的，殿门只开启明间。其他方面，如屋瓦、脊兽、装饰等与正殿相同（图3-6）。

④后罩楼

后罩楼建于王府中路尽端，为综合性建筑。王府后罩楼二层前出廊，屋顶多为硬山顶，整个建筑建在台基上（图3-7）。

⑤居住建筑

清代《大清会典》对辅路居住建筑未作详细规定，根据对现存王府居住建筑调查，此类房屋与普通四合院正房、厢房相似，面阔三间或五间，屋顶多为硬山或卷棚顶，尺度上比一般民宅略大（图3-8）。

⑥花园建筑

王府花园建筑种类很多，造型上与园林景

图3-2　恭王府甬道—作者拍摄

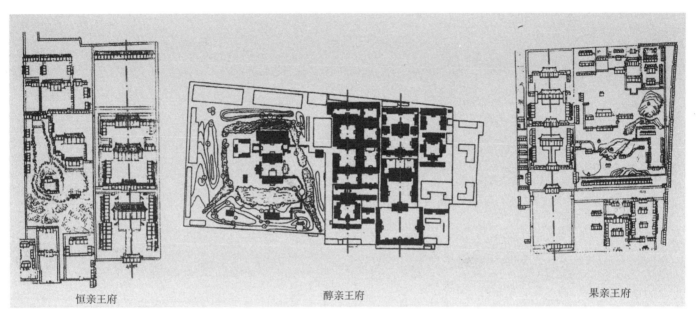

恒亲王府　　　　　　　　　　　醇亲王府　　　　　　　　　　　果亲王府

图3-3　王府平面形制—《北京民居》

图3-4　恭王府府门—作者拍摄

图3-5　王府正殿（恭王府）—作者拍摄

图3-6　王府后殿（恭王府）—作者拍摄

图3-7a　后罩楼（恭王府）—作者拍摄

图3-7b　恭王府后罩楼—作者自摄

观融合，又有一定的使用功能，主要有厅、堂、亭、台、楼、榭等（图3-9）。

⑦ 小品建筑

王府的小品建筑指独立于主体建筑之外的小型建筑，主要有影壁、垂花门、石狮子、上马石、拴马桩等（图3-10）。

三、实例

1. 恭王府

恭王府位于西城区前海西街，原为清道光帝旻宁的第六子恭亲王奕䜣的府园。恭王府的建筑可分为府邸和花园两部分：府邸部分占地46.5亩，分为中、东、西三路，各路均由多进四合院组成，后部环抱着长达160m的通脊二层后罩楼；楼后为花园部分，名称翠锦园，占地36.6亩，园内建筑亦呈中、东、西三路，园中分布着叠石假山、曲廊亭榭、池塘花木，东北角还修建了一座戏台（图3-11）。

2. 摄政王府

摄政王府亦称醇亲王南府，位于西城区太平湖南里。王府的东部由四组纵向院落组成，其中东部第三路院子符合王府的中路形制，有正殿、配楼等，王府的西部建有一座大型的私家花园（图3-12）。

图3-8　恭王府厢房—作者拍摄

图3-9　恭王府花园—作者拍摄

图3-10a　府门前石狮子（恭王府）—
作者拍摄

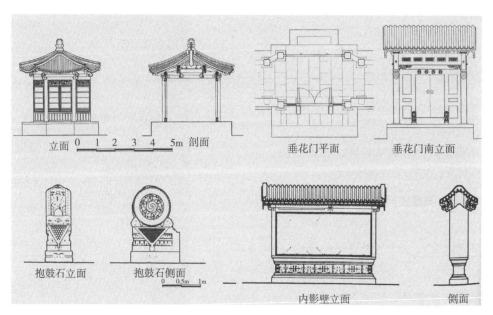

立面　0 1 2 3 4 5m　剖面　　垂花门平面　　垂花门南立面

抱鼓石立面　抱鼓石侧面　0 0.5m 1m

内影壁立面　　侧面

图3-10b　建筑小品（和敬公主府）—《东华图志》

3. 孚郡王府

　　孚郡王府位于东城区朝阳门内大街137号，原为康熙皇帝十三子允祥的怡亲王府。同治三年（1864年）清廷将此府赐予道光帝第九子孚郡王奕譓，改称孚郡王府，现为国家重点文物保护单位。

　　孚王府由东、中、西三路多进院组成。中路五进院，为王府办公、会客、礼仪空间，中轴线上排布着大门、正殿、后殿、寝殿及后罩楼，东西两侧配有阿斯门、东西翼楼、东西配殿等建筑。西路为居住部分，由五进四合院组成，各院设廊连通。东路为轩馆花园，原有府库、厨厩、执事房已毁，现难以辨认（图3-13）。

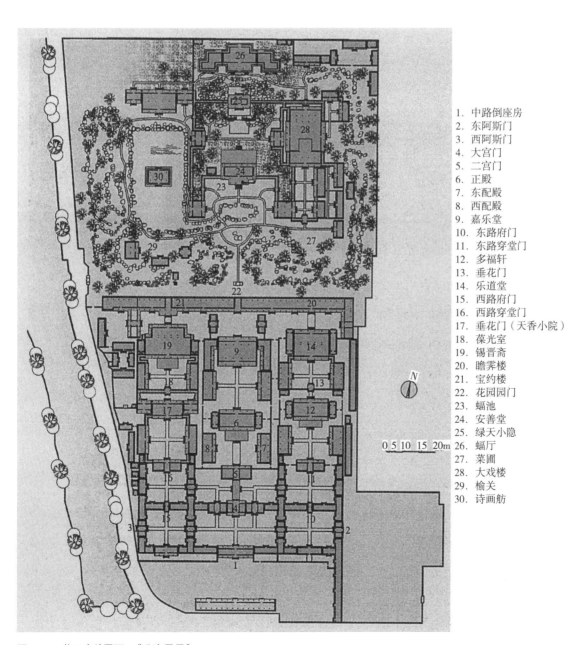

1. 中路倒座房
2. 东阿斯门
3. 西阿斯门
4. 大宫门
5. 二宫门
6. 正殿
7. 东配殿
8. 西配殿
9. 嘉乐堂
10. 东路府门
11. 东路穿堂门
12. 多福轩
13. 垂花门
14. 乐道堂
15. 西路府门
16. 西路穿堂门
17. 垂花门（天香小院）
18. 葆光室
19. 锡晋斋
20. 瞻霁楼
21. 宝约楼
22. 花园园门
23. 蝠池
24. 安善堂
25. 绿天小隐
26. 蝠厅
27. 菜圃
28. 大戏楼
29. 榆关
30. 诗画舫

0 5 10 15 20m

图3-11　恭王府总平面—《北京民居》

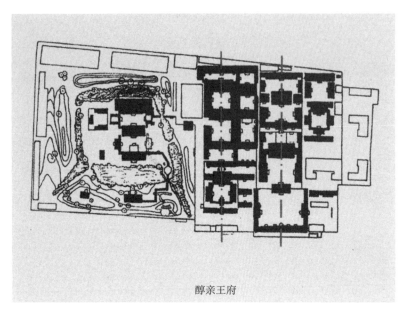

醇亲王府

图3-12　摄政王府总平面—《北京民居》

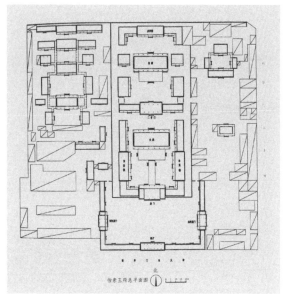

图3-13　孚郡王府总平面—《东华图志》

第二节　住宅

一、释名

老北京人对四合院有多种叫法，现将相关名称释义如下（图3-14）。

1．府

府，源于西周。据《周礼·天官大宰》记载[1]："百官所居曰府"，俗称"官府"，后世则以贵族、高官的住所称为府。[2]清代规定宗室封爵为十二等级，即亲王、郡王、贝勒、贝子、镇国公、辅国公、不入八分镇国公、不入八分辅国公、镇国将军、辅国将军、奉国将军和奉恩将军。其中亲王、郡王的住所称王府，其他宗室的住所只能称府。北京民间称他人住宅为"府"、"府上"，属于礼节上的敬称。

2．邸

邸，原为秦汉诸侯在国都的住所，后引申为王、侯、高官的住所，甚至可以邸代表其本人，如称明燕王朱棣为"燕邸"，称清恭亲王奕诉为"恭邸"。[3]近代"邸"已成为尊贵者住所的敬称，如某某官邸的称呼。

3．宅

宅，指普通人的住所，虽无贵贱之分，但城市底层居民的住处一般不称宅。

4．第

第，指皇帝赐给臣下的住所，称呼特定，一般人不能使用，近代转为敬称。

5．四合房

四合房，是城市下层居民住宅的俗称。这种简易的四合院多为一进院四座房，民间称四合房。

二、北京四合院住宅特征

总体来说，北京四合院住宅具有等级化、连续化、区域化的特征，现简述如下。

1．等级化

受中国封建社会"礼制"的影响，北京四合院具有严格的等级差别。明代北京四合院大致可以分为亲王、公侯、品官、百姓四个等级：

1．转引：陈文良主编. 北京传统文化便览. 北京燕山出版社，1992.

2．钦定大清会典. 新文丰出版社，1976. 28.

3．陈文良主编. 北京传统文化便览. 北京燕山出版社，1992.

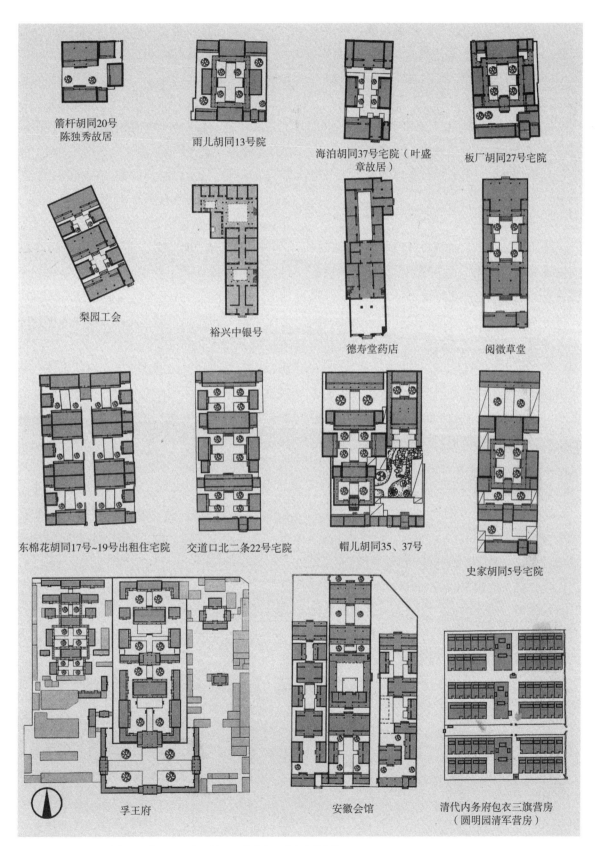

箭杆胡同20号
陈独秀故居

雨儿胡同13号院

海泊胡同37号宅院（叶盛
章故居）

板厂胡同27号宅院

梨园工会

裕兴中银号

德寿堂药店

阅微草堂

东棉花胡同17号~19号出租住宅院

交道口北二条22号宅院

帽儿胡同35、37号

史家胡同5号宅院

孚王府

安徽会馆

清代内务府包衣三旗营房
（圆明园清军营房）

图3-14 北京四合院类型（府、邸、宅、第、四合房）—《北京民居》

亲王府规模最大，由多路多进院组成，中路为三殿、三宫，辅路为多进跨院，并建有花园；公侯一级宅第规定前厅、中堂、后堂各七间，大门三间；品官住宅一至五品厅堂七间、六至九品厅堂三间；百姓住宅正房不得超过三间，建房不得超过九品官的规格。清代延续这种做法，对府、官宅、民宅都有相应的规定，不得逾制。

2．连续化

自元以来，北京内城的范围并没有因朝代的更替而产生变化，后代延用前代旧宅的现象较为普遍。由于这种连续化的特点，至今使我们能够考证到一些名宅的历史渊源。例如，位于前海西街的清恭亲王府，原为清乾隆时期和珅住宅，再上述可考证至为明代弘治年间李广府[1]。民国初年，受"清室优待条件"保护，此宅为恭亲王后代延用，直至1937年该宅被卖给辅仁大学。新中国成立以后，该宅为中国音乐学院等多家单位办公、教学之地。

3．区域化

如前所述，北京四合院具有区域化的特征。进一步观察，北京城市南北地区住宅的差异性最大。元代大都分南北两城：南城为原金中都，居民以平民百姓为主，住宅形制较低；北城为元大都新城，居民多为达官贵人，住宅形制较高。明代南部外城是商人、百姓聚居地，北部内城是贵族、高官的居住区域。清时"满汉分居"，外城为"汉"城，内城为"满"城，内城住宅的规模、等级远高于外城。

三、实例

1．崇礼住宅（高官住宅）

东四六条63号、65号院为清光绪年间大学士崇礼住宅，其规制之高仅次于王府，号称"东城之冠"，总占地面积近万平方米。

住宅由三路多进院落组成。中路大门三间，入门后是带假山的花园。二进院正北为戏台，三进院为工字厅，这种元代工字厅的建筑布局形式在近代北京四合院中较为罕见。东、西两路均为五进院住宅，各进院落多用连廊相连，且房屋建筑规格高、装饰华丽，其中一房内还有硬木隔扇，上刻清代书法大家邓石如题写的苏东坡诗句，使居住环境充满儒雅气息。现该宅为单位宿舍，1988年公布为全国重点文物保护单位（图3-15）。

2．梅巧玲住宅（文人住宅）

铁树斜街101号院为京剧大师梅兰芳先生的祖父梅巧玲住宅。梅巧玲先生是清末京城名旦，也是京剧"同光十三绝"之一。该住宅由两进院组成，大门位于东南角，一进院正房五间，东西厢房各两间，二进院北房三间，东、西厢房也是两间，西北角设有后门。此宅前后院的厢房均为两间，形制与晋中南一带住宅的布局相似（图3-16）。

3．箭杆胡同20号院（平民住宅）

箭杆胡同20号院是一座三合院，总占地面积仅200余平方米。住宅东北角设门，院内有正房三间，倒座三间，东、西厢房各两间。这种

1．陈文良主编．北京传统文化便览．北京燕山出版社，1992．

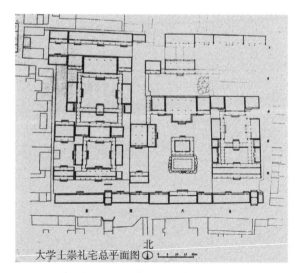

图3-15　崇礼住宅平面—《东华图志》

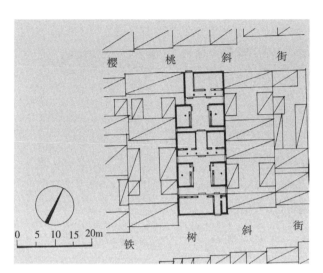

图3-16　梅巧玲故居平面—《宣南鸿雪图志》

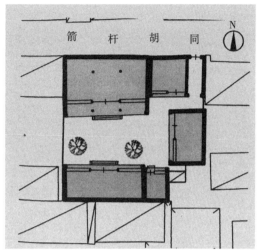

图3-17　箭杆胡同20号平面（陈独秀故居）—《北京民居》

三合院的居住形式是典型的平民住宅，明清时期在北京外城地区较普遍，据说陈独秀先生曾居住过此院（图3-17）。

第三节　会馆

一、会馆的源流与分类

北京的会馆起源于明代，最初为同乡会馆。永乐帝迁都北京之后，科举考试在京举行，供各省举子会试居住的文人试馆应运而生。明中叶以后，由商人创建的商业会馆也可驻京。清初，满、汉分城居住，内城会馆纷纷迁入外城。至清中叶，前门、崇文门、宣武门外拥有会馆500余所（图3-18）。

大体来说，北京四合院可分为同乡会馆、商业会馆、文人试馆三种形式，相关内容介绍如下。

1. 同乡会馆

同乡会馆是为同乡人客居京城而建造的。据《帝京景物略》记载：明代"内城馆者，绅为主"，由此可见，当时同乡会馆多建在内城。同乡会馆的用途主要是为外省官员入京提供住宿，供同乡士绅联谊，为上任新官暂住之用等。清代，全国各省及发达地区的府、州、县都在京设立会馆，会馆所建经费由同乡集资或个人捐赠，房产属于同乡公产。

2. 商业会馆

商业会馆是为各地商会在京聚集、联谊同乡京官所建。商业会馆的功能主要有三：一是供奉行业始祖，祈求福禄平安；二是同乡联谊，为商贸活动疏通关系；三是行会管理，并为外省进京商人提供食宿。光绪三十二年（1906年），清京师商务总会成立，商业行会归政府统管，此后北京商业会馆数量逐渐减少。

3. 文人试馆

文人试馆是为各地举子赴京赶考住宿而兴建的，其用途以住宿为主，兼有同乡聚会或备考学习之用。明清时期，会馆服务于科举蔚然成风，各地官员希望同乡子弟登科入朝，以壮大地方势力，并提供资金资助，有些会馆甚至允许落榜者留京备考，以便三年后再次应试。清末，科举制

叙府会馆

潮州会馆

三晋会馆

莆阳会馆

泾县会馆

婺源会馆

太原会馆

宜兴会馆

图3-18　北京各式会馆建筑—《北京民居》

度废除，文人试馆逐渐失去了试馆功能，但仍有一批文人、学生在此集会、居住。

二、会馆建筑

　　会馆是一种以居住为主、兼有其他用途的四合院。从建筑形制上看，会馆与住宅大致相同，但由于使用方面的需要，会馆有一些特殊的建筑。

1．戏楼

　　戏楼是会馆中用于集会、联谊、娱乐活动的公共建筑。它一般位于会馆的轴线上，且尺度大、规格高，是会馆的标志性建筑。清时大型会馆才建有戏楼，北京现存会馆戏楼仅有三座，即前门外小江胡同平阳会馆戏楼、宣南后孙公园胡同安徽会馆戏楼、虎坊路湖广会馆戏楼。以安徽会馆戏楼[1]为例：它是一座双卷勾连搭悬山顶建筑，前为六檩，后为八檩，位于会馆的中轴线上。建筑内部一戏台坐南朝北，戏台前东、西、北三面各有两层看台，戏台后接扮戏房五间。现戏楼保存完整，小巧玲珑，式样别致，匾额题"清时钟鼓"（图3-19）。

2．文昌阁

文昌阁是文人试馆的礼仪性建筑。外省举子会试、殿试，按习俗朝拜文昌帝君等，祈求福运。以湖广会馆文昌阁为例，它建于会馆的中路轴线上，面阔三间，进深五檩加前廊，共两层，北部有爬山廊至文昌阁后室——风雨怀人馆。该建筑兼有祠堂和纪念馆用途（图3-20）。

3．其他特殊建筑

北京的会馆包括一些其他类型的特殊建筑。如同乡会馆设祠堂、厅堂；商业会馆也设祠堂，还有沿街建商铺的；文人试馆有供举子读书的用房，部分文人试馆办学校，办学经费由会馆补贴（图3-21）。

三、实例

1．湖广会馆

湖广会馆位于虎坊路3号，北临骡马市大街，南邻北京市工人俱乐部，原为明万历年间

1. 中国建筑科学研究院主编. 宣南鸿雪图志. 中国建筑工业出版社，2002.

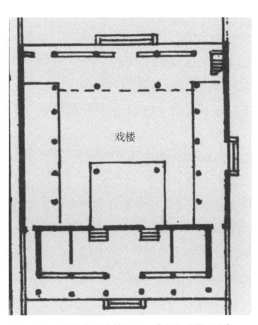

图3-19a 安徽会馆戏楼平面—《宣南鸿雪图志》

图3-19b 安徽会馆戏楼—作者拍摄

图3-20a 湖广会馆文昌阁—作者拍摄

图3-20b 湖广会馆文昌阁—作者拍摄

张居正宅邸，后改建为全楚会馆，清嘉庆十二年（1807年），由两湖高官提议并兴建湖广会馆，道光十年（1830年）馆内修建了大戏楼。

湖广会馆平面为三路多进院布局：会馆中路南部为馆门、戏楼，中部为文昌阁，北部有宝善堂及假山花园；会馆东路有两进院，南院为现湖广会馆入口，西路北部有楚畹堂。

大戏楼是馆内规模最大的建筑。戏楼面阔五间，进深九间，戏台位于南侧，高两层，观众席有一层堂座和二层东、西、北三面楼座。戏楼为抬梁式木结构，双卷重檐悬山顶，建筑造型壮观（图3-22）。

湖广会馆近代曾为名人荟萃之地，也是京剧名家、票友聚集地，随着时光的推移，会馆变得残破不堪。1992年北京市政府决定对其进行全面修缮，1997年会馆正式对外开放，该馆现为北京市文物保护单位（图3-23）。

2. 安徽会馆[1]

安徽会馆位于后孙公园胡同25号，现状范围东西56m，南北74m，北京市文物保护单位，为京师最著名的会馆之一（图3-24）。

会馆分为东、中、西三路院落，每路有四进，各路以夹道间隔，最北部是一座大型园林。中路主体建筑为文聚堂和戏楼，东路为乡贤祠，西路为接待居住用房。后花园内现仅存"碧玲珑会馆"，原假山亭阁、池塘小桥皆无存。

大门位于中路最南端，门内文聚堂面阔五间，七檩硬山顶，灰筒瓦屋面，过垄脊，前出廊，装修已改。戏楼是中路规模最大的建筑。戏楼北部为祠堂五间，五檩加前廊，大式硬山顶。再往北为"碧玲珑馆"，面阔五间，六檩悬山顶，梁架为原物。

安徽会馆原为明末清初著名学者孙承泽别墅的"孙公园"一部分，晚清时期改建为会馆。2006年5月，安徽会馆被国务院批准列入第六批全国重点文物保护单位名单。

1. 中国建筑科学研究院主编. 宣南鸿雪图志. 中国建筑工业出版社，2002

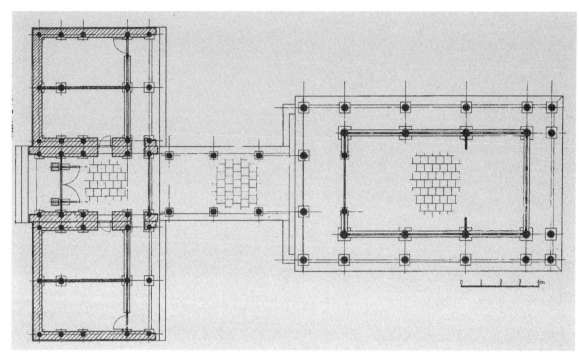

图3-21 中山会馆大门、花厅平面—《宣南鸿雪图志》

图3-22 湖广会馆—作者拍摄

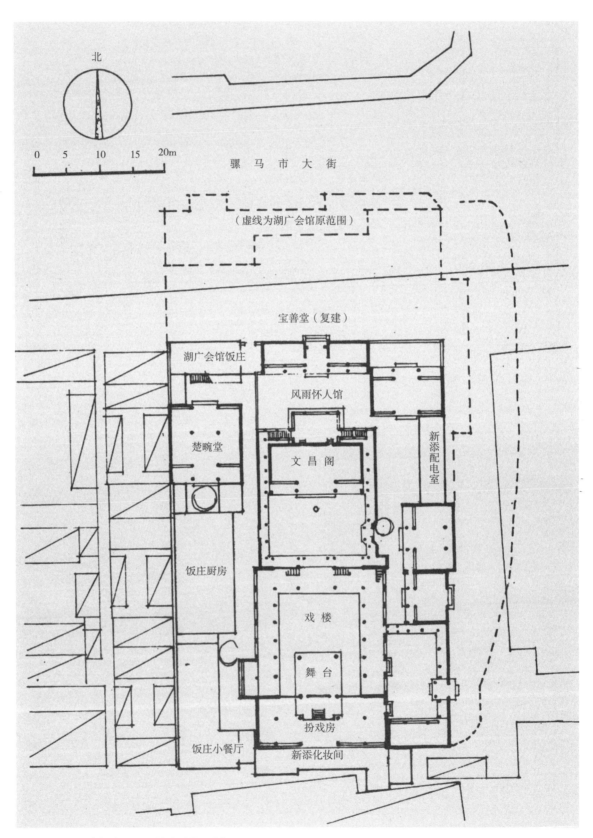

北

0 5 10 15 20m

骡 马 市 大 街

（虚线为湖广会馆原范围）

宝善堂（复建）

湖广会馆饭庄

风雨怀人馆

楚畹堂

文 昌 阁

新添配电室

饭庄厨房

戏 楼

舞 台

扮戏房

饭庄小餐厅   新添化妆间

图3-23a   湖广会馆总平面—《宣南鸿雪图志》

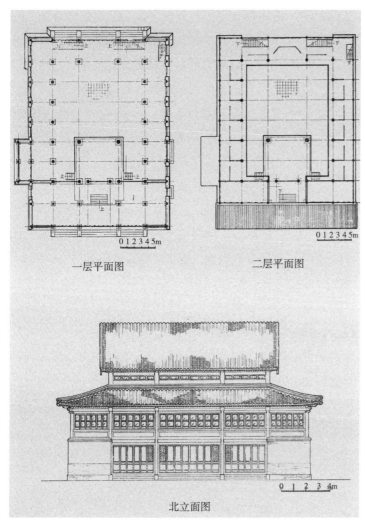

一层平面图　　　　　　　　二层平面图

北立面图

图3-23b　湖广会馆戏楼—《东华图志》

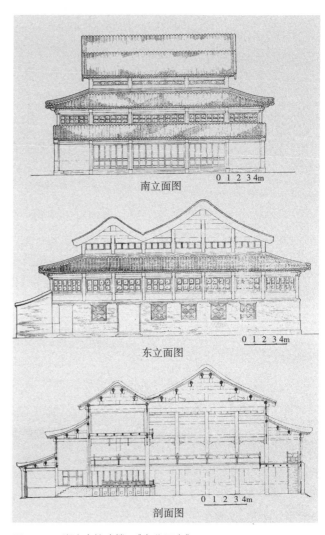

南立面图

东立面图

剖面图

图3-23c　湖广会馆戏楼—《东华图志》

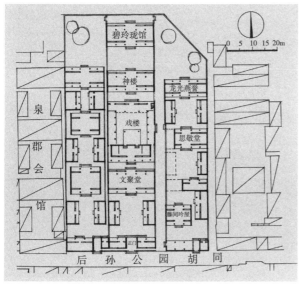

图3-24a　安徽会馆总平面—《宣南鸿雪图志》

图3-24b　安徽会馆入口现状—作者拍摄

第四节　商住建筑

一、商住建筑的发展

　　明清时期，北京出现了一种集经营、生产、居住于一体的建筑形式，即商住建筑。商住建筑多集中在前门大栅栏地区，相关内容如下（图3-25）。

　　北京的商住建筑可上溯到明代。明永乐年间，政府在前门外修建民房，或"招民居住"，或"招商居住"，统称"廊房"，现前门外廊房头条、二条、三条、四条（又称大栅栏）即因此得名（图3-26）。明嘉靖至万历年间，前门大栅栏地区商铺云集，《皇都积胜图卷》描绘了这一景象。入清以后，该地区商业更加繁荣，据《日下旧闻考》载："正阳门前棚房比栉、百货云集，较前代尤盛"[1]，文中的棚房多为商住建筑。清末，前门大栅栏地区发展成为北京最繁华的商业区，如西河沿素以金融、市场、餐饮"三多"而著称；廊房头条以灯笼铺闻名；廊房二条是玉器古玩商铺聚集之地；廊房三条主要经营小商品；廊房四条汇集了一大批京城老字号和珠宝、百货店。此外，前门外大街以西的大栅栏地区还集中了大量的旅馆、当铺、妓院、字画店、书店等。

　　根据调查，该地区商住建筑主要有三种形式：一是"前店后宅"，如亨得利钟表店；二是"下店上宅"，如德寿堂药店；三是门脸房，如门楼胡同当铺。现将实例简述如下。

二、实例

1. 亨得利钟表店

　　亨得利钟表店位于大栅栏西街15号，为近代建筑。该店采用"前店后宅"的布局形式，沿街南面设商铺、库房，店的北部为合院式住宅。建筑物门脸部分为三层砖木结构建筑，立

1.（清）于敏中等编纂.日下旧闻考·卷五五.北京燕山出版社，1983.

图3-25a　大栅栏西街商住建筑—作者拍摄

图3-25b　京报馆—作者拍摄

面造型简洁，下部已装修，上部仍保持原有造型，如采用拱券装饰窗户等。北部四合院式住宅东侧设宅门，并有内廊与前店相通，使住宅与店铺既相对独立，又联系方便（图3-27）。

2. 德寿堂药店

德寿堂药店位于珠市口西大街75号，为近代建筑。店铺采用"下店上宅"的布局形式，一层南部沿街一侧为营业大厅，北部两进院是药店的仓库和作坊区，住宅设在二层。该建筑立面造型为中西结合式，如有中式彩画图案装饰墙面，有西洋柱式装饰壁柱，造型别具特色（图3-28）。

3. 门楼胡同当铺

这是典型的"门脸房"式的商住建筑。当铺为两进四合院，为了经营，商户将沿街倒座房改建成店铺，内院仍为住宅（图3-29）。

图3-25c 民国北京前门大街—《文物古迹览胜》

图3-25d 明清商业区—《北京中轴线城市设计》

图3-25e　前门大街现街景—作者拍摄

图3-26a　廊坊头条现状—作者拍摄

图3-26b　廊坊头条现状—作者拍摄

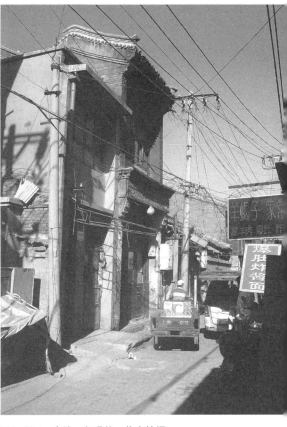

图3-26c　廊坊二条的生活场景—《胡同的记忆》

图3-26d　廊坊二条现状—作者拍摄

图3-26e　廊坊三条现状—作者拍摄

图3-26f　廊坊四条（大栅栏）现状—作者拍摄

图3-26g　廊坊四条（大栅栏）现状—作者拍摄

图3-26h　廊坊四条（大栅栏）现状—作者拍摄

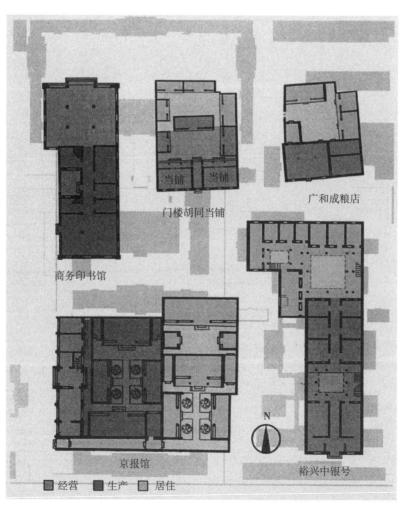

图3-26i　各式商住建筑平面—《北京民居》

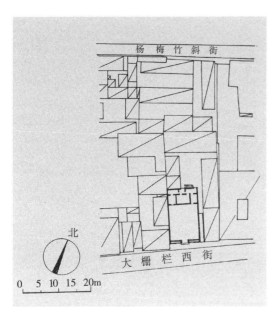

图3-27 亨得利钟表店平面—《宣南鸿雪图志》

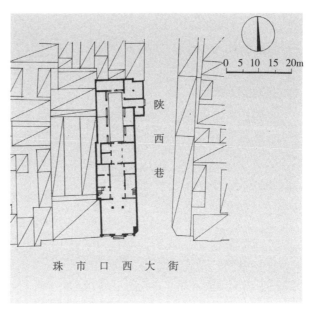

图3-28a 德寿堂药店平面—《宣南鸿雪图志》

图3-28b 德寿堂药店现状—作者拍摄

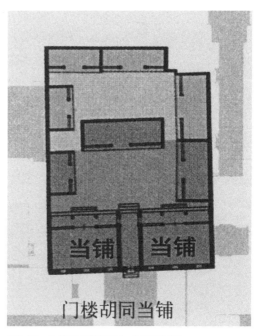

图3-29 门楼胡同当铺平面—《北京民居》

第五节　花园住宅

一、花园住宅概说

花园住宅是一种附带私家园林的四合院住宅。此类住宅多为达官贵人所有，花园内叠山置水，种花植木，建亭造台，别有洞天。花园的规模因宅而异，大者数十亩，小者仅半亩，造园手法与皇家苑囿不同，多具有江南私家园林风格（图3-30）。

金元时期，北京的府宅园林兴起，园林虽为私有，却向社会开放，宴游之风盛行。明清时期，花园住宅进入繁盛时期，勋贵外戚、公卿名士、商贾豪富等常有高水平的园林宅第[1]。清末，受外来文化的影响，北京的私家园林又融入了西洋风格。

据统计，明清北京府宅名园有50余所[2]，现保存完好的不多，但仍能体验到其高雅的建造风格。从平面布局上看：住宅部分居主路，多进院组成，规制严谨；花园多居辅路，因地制宜，布局灵活。从造园手法上看，花园多采用小尺度布局，巧叠山石，妙理池水，灵活植木，略点建筑，利用对景、障景等方法使园林空间既有主题，又富于变化，让人们在"方寸"之间体验到山水情怀。

1. 贾珺. 北京私家园林志. 清华大学出版社, 2009.

2. 陈文良主编. 北京传统文化便览. 北京燕山出版社, 1992.

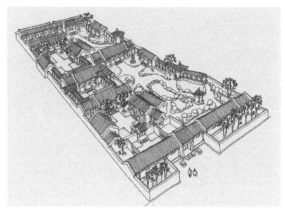

图3-30a　带花园的四合院—《北京四合院》（原版）作者自绘

图3-30b　西四北三条某四合院花园—《北京四合院建筑》

二、实例

1. 半亩园

半亩园位于东城区黄米胡同，整个花园住宅三路布局，中路和东路是住宅部分，西路为私家园林——半亩园（图3-31）。

据有关文献记载，半亩园为清初名士李笠翁创建，所叠山石时誉"京城之冠"，后被改为会馆、戏院。清道光年间曾进行过大修，据《天咫偶闻》载："半亩园纯以结构曲折、铺陈古典见长，富丽而有书卷气。"园内布局以空间曲折见长，叠山理水以因地制宜为特色，每处园林建筑都专门陈列一类物品，具有江南私家园林风格。现花园部分已毁，住宅部分保存完好。

2. 可园

可园位于东城区帽儿胡同，整个花园住宅共五路，西侧两路为五进院住宅，东侧三路为可园（图3-32）。

可园原为清末大学士文煜住宅的花园部分：住宅中路以厅堂为核心，供迎宾待客使用，厅堂南部叠山置水，有游廊环抱；东侧两路仍为花园，建有敞轩、花厅等园林建筑。该园造园风格庄重典雅，据此园碑记："拓地十方，筑室百堵，疏泉成沼，垒石为山，凡一花一木之栽培，一亭一榭之位置，皆着意经营，非复寻常。"可园堪称北京四合院府宅园林中的代表作，现该园与住宅部分被列为全国重点文物保护单位。

3．萃锦园

萃锦园位于西城区前海西沿，为恭王府的

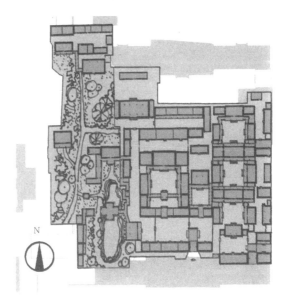

图3-31a　半亩园及其东路住宅平面图—《北京民居》

图3-31b　半亩园东路住宅东侧街景—作者拍摄

图3-31c　半亩园东路住宅入口大门—作者拍摄

图3-31d　半亩园东路住宅边门—作者拍摄

后花园（图3-33）。

萃锦园建于同治年间，全园占地30余亩，园内建筑可分为中、东、西三路：中路有园门、安善堂、邀月台、蝠殿等建筑；东路南有香雪坞，北有大戏台；西路有榆关、诗画舫、澄怀撷秀等园林建筑。整个花园中部有大假山，西部为湖面，造园手法集江南园林与北京特色于一体，被誉为王府花园中的上品。现该园与恭王府被列为全国重点文物保护单位（图3-33）。

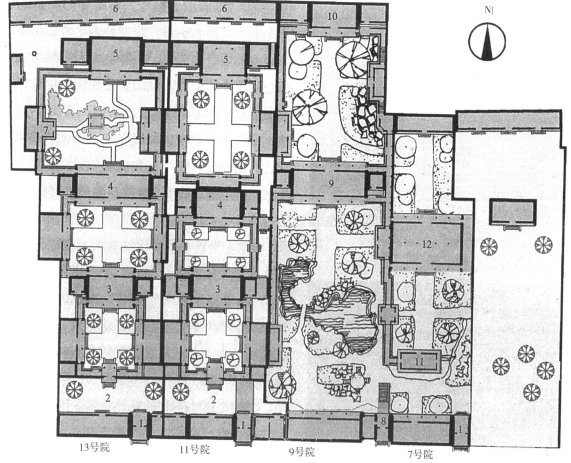

N

1. 宅门
2. 垂花门
3. 二进院正房
4. 三进院正房
5. 四进院正房
6. 后罩房
7. 水榭
8. 可园园门
9. 可园前院正房
10. 可园后院正房
11. 轩
12. 歇山大厅

13号院　　11号院　　9号院　　7号院

图3-32　可园平面图—《北京民居》

图3-33a　翠锦园—《四合院情思》

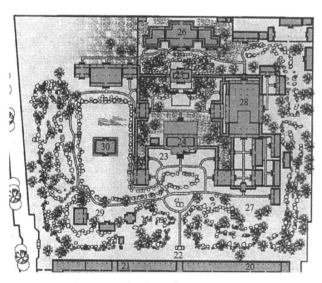

图3-33b　翠锦园平面—《北京民居》

图3-33c　翠锦园—作者拍摄

第四章

北京四合院建筑

第一节　总体布局特征

一、住宅平面组合规律

1."间""架"组成房屋

一般来说，北京四合院以"间"、"架"作为最基本的平面组合单元。所谓"间"是指相邻两榀屋架之间的空间，用"开间"计量水平宽度尺寸。就单个房屋来说，位于正中的明间大于两旁的次间，次间又大于旁边的梢间。就各房关系来说，正房的明间大于厢房的明间，厢房的明间又大于倒座、后罩房的明间，次间、梢间亦如此类推（图4-1）。

间在进深方向的大小由"步架"权衡。所谓"步架"是指屋架相邻两檩之间的水平距离。在北京四合院住宅中，正房、厢房等主要

房屋以五檩四步架和七檩六步架居多。清末民初，四合院单栋建筑各个间、架的尺寸逐渐趋于一致。

间与步架的尺寸决定了建筑平面的大小。仍以正房为例：如正房面阔三间（每间一丈）、进深五檩四步架（每架四尺），表示该建筑平面面宽为三丈（约9.6m）、进深为一丈六尺（约5.1m），这种由间、架组合房屋平面的方式类似于现代建筑框架结构的柱网平面布局（图4-2）。

2.房屋组成院落

如果说间、架组合成房屋，那么房屋则组合成院落。北京四合院住宅有三种基本的院落，即前院、中院、后院。前院一般位于住宅的南部，由大门、倒座等围合，平面呈长方形；中院位于住宅的中部，由正房、厢房、耳房、垂

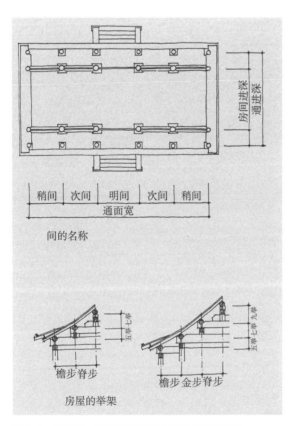

图4-1　间与架—《北京四合院》（原版）作者自绘

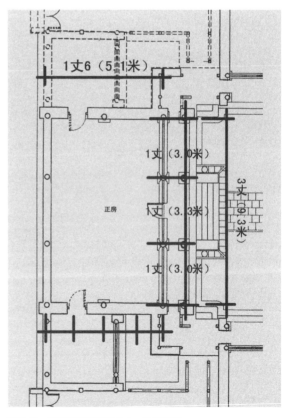

图4-2　正房开间进深尺寸—作者标注

花门、连廊组成，平面呈正方形；后院多位于住宅的北部，由后门、后罩房等构成，平面亦呈长方形。大体上，北京四合院住宅平面都与上述三院有关（图4-3）。

3. 院落组成住宅

首先让我们看看单路四合院的平面组合。一进院住宅平面类似中院，只是用大门、倒座取代了垂花门和连廊；二进院住宅为前院+中院；三进院住宅是前院+中院+后院；四进院住宅是前院+2个中院+后院；五进院住宅是前院+3个中院+后院。由于北京两胡同之间的间距多为60～70m，单路四合院最多为五进院落（图4-4）。

接下来我们再看看多路四合院的平面组合。二路院是由两个单路四合院并联组成，多为三至五进院；三路院是由三个单路四合院并联组成，为多进院；四、五路院以此类推。这种大型的多路四合院一般为贵族府邸、高官宅第或富商住宅（图4-5）。

根据上述分析，我们可以发现四合院住宅平面组合规律为：其一，间架组合成了房屋，房屋围合成了院落，院落组合成了住宅。其二，间架是住宅的基本单元，住宅中所有的房屋、院落平面都与间架密切相关。其三，院落的拓展纵向优先，形成单路一至五进院。如果住宅规模还要扩大，院落的组合可横向发展，形成多路多进院（图4-6）。

二、单路四合院布局

常见的北京四合院为单路多进院组成，以下结合实例分别介绍。

1. 一进院

最简单的四合院为只有一个院子的四合院，即一进四合院（图4-7）。这种住宅布局在外城较为普遍，属社会中下层平民住宅。住宅平面

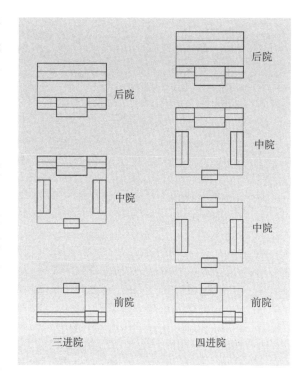

图4-3　前中后院的组合—作者自绘

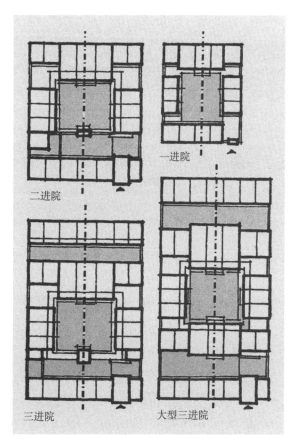

图4-4　单路四合院平面组合—《北京民居》

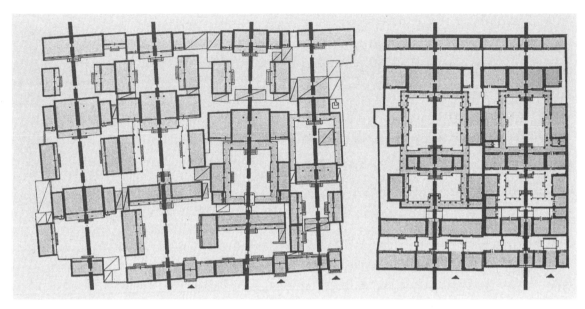

图4-5   多路四合院平面组合—《北京民居》

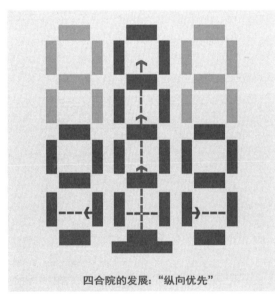

图4-6   院的发展—作者自绘

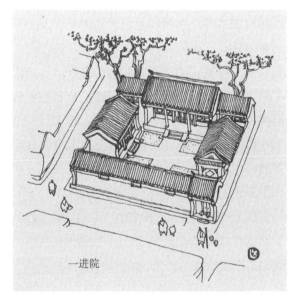

图4-7   一进院形制—《北京四合院》（原版）作者自绘

1. 此节实例多为中国
民居大师王其明先生在
20世纪50年代所做的
调查，当时为保障住户
的隐私权，未公布住宅
具体门牌号。

布局呈方形，用正房、厢房、倒座等建筑围合院落，也有三合院的，具体住宅实例如下。

① 西观音寺某号[1]

西观音寺某号是一座典型的一进院宅子。由于住宅基地狭小，正面北房只有三个开间，东西厢房面阔一间。大门位于全宅的东南角，内设四扇屏门，上写"知足常乐"。院的西部，在西厢房山墙与倒座之间形成的狭小空间是厕所的位置，并有屏门遮挡。位于院南的倒座面阔三间，但其中有半间被大门占去。此宅占地面积仅150m²左右。

② 乃兹府某号

乃兹府某号宅院稍大，院落约500m²。住宅正房面阔三间，并附带两个耳房。东西厢房面阔各占三间，倒座留有门房的位置，大门在宅

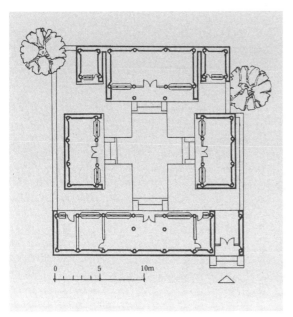

图4-8　乃兹府某号平面—《北京四合院》（原版）作者自绘

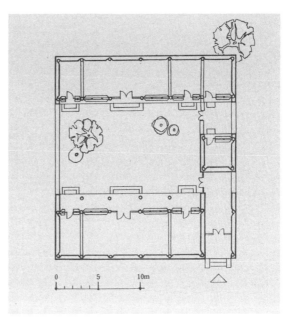

图4-9　灯草胡同某号平面—《北京四合院》（原版）作者自绘

院的东南角（图4-8）。

③灯草胡同某号

这座宅子为三合院，但仍属于北京四合院形制。旧时北京有许多类似的宅院，产生的原因有二：一是由于宅地狭窄，或财力物力有限，只能盖成三合院；二是住宅原为四合院，后年久房屋倒塌，无力全部修复所致（图4-9）。

2．二进院

二进院的宅子是北京四合院中较为常见的类型。全宅由内外两组院落组成，外院主要建筑为倒座、大门、厕所等，内院布置北房、东西厢房、耳房等。两院之间用二门（通常是垂花门）相连（图4-10）。

①乃兹府某号

乃兹府某号是典型的二进院宅子。大门入口位于住宅的东南角，前院倒座进深较大，内院的入口设一道垂花门，位于垂花门两侧的抄手廊通入东西厢房南侧的盝顶中去，由于内院东西向用地紧促，厢房前不设檐廊。正房居北，面阔三间，并附有东西耳房。住宅的东北角设

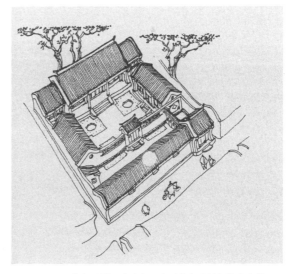

图4-10　二进院形制—《北京四合院》（原版）作者自绘

偏门一道，全院占地面积800m²左右（图4-11）。

②前公用库某号

由于此宅位于胡同路南，而又要符合宅门在东南的习惯，户主不得不在宅院的东侧设一夹道。该宅大门式样为西洋式小花门，门内有一木围屏，外院三面设有平顶式檐廊，内院四周设回廊环绕，东厢房后檐墙的东面有一狭长

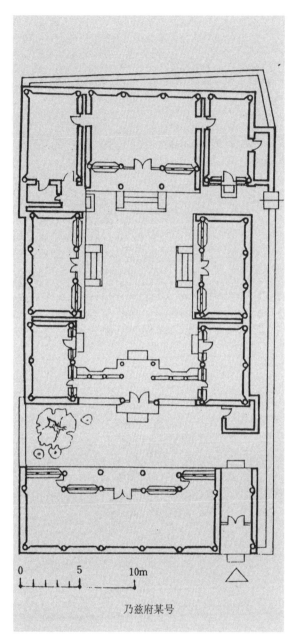

图4-11　乃兹府某号平面—《北京四合院》（原版）作者自绘

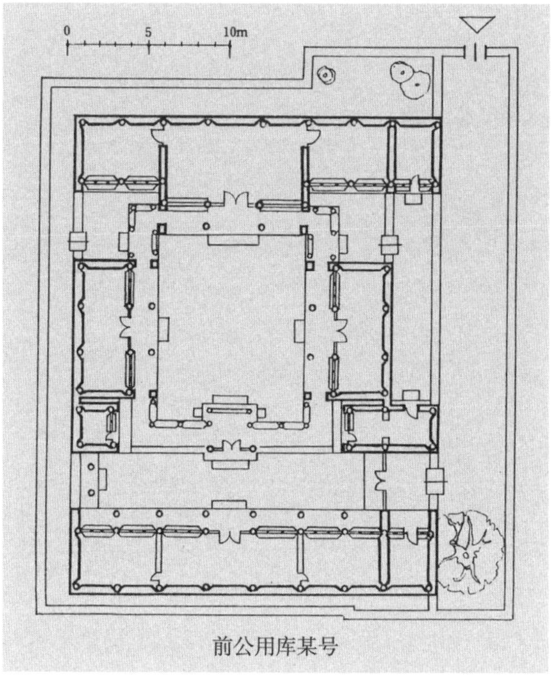

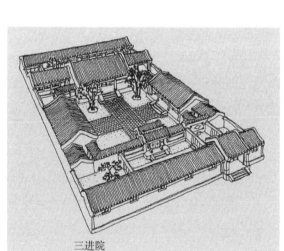

图4-12　前公用库某号平面—《北京四合院》（原版）作者自绘

三进院

图4-13　三进院形制—《北京四合院》（原版）作者自绘

的小院，小院南北两端各一间小房（图4-12）。

3. 三进院

三进院的宅子通常被认为是一种标准式的四合院住宅。住宅的大门多位于东南角，进入大门面迎影壁、向西转至前院。前院较浅，房屋以倒座为主，作为客房、杂用间及男仆的住所。自前院经轴线上的垂花门进入方形的内院，

内院正房居北，两侧附有耳房，东耳房旁边有通向后院的院门，内院东西两侧建有东西厢房，并有连廊与正房相接，整个内院均供家庭内部使用。后院的北部建有后罩房一排，用作贮藏及女仆的居室（图4-13）。

① 东四四条某号

宅院正房以南部分与前面介绍的二进院住

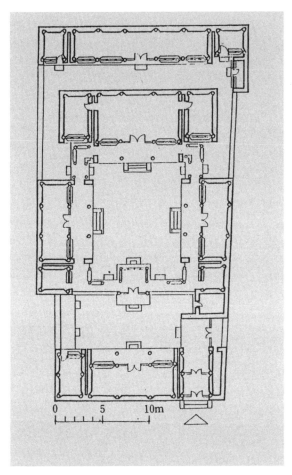

图4-14　东四四条某号平面—《北京四合院》(原版) 作者自绘

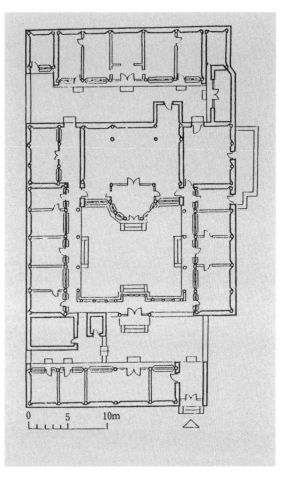

图4-15　大草场某号平面—《北京四合院》(原版) 作者自绘

宅基本相同，正房的东侧有过道通入后院，后院北部建有后罩房一排（图4-14）。

②大草厂某号

此宅的特点是在中院内正房前建有一个亭子式的门厅，东西厢房被划分成若干个小间，正房位于住宅北部，其两侧的耳房较大（图4-15）。

4. 四进院

四进院住宅的组合方式较为复杂，最常见的是"前堂后寝"式。具体地说，第一进院仍是以倒座为主的狭长院子；第二进院内设有厅房和东西厢房；第三进院子入口处多为垂花门，院内设正房、东西厢房；第四进院是以后罩房为主的后院（图4-16）。

①帽儿胡同某号

住宅建造年代久远，经与乾隆年间北京地图比较，目前该宅仍保留着昔日的格局。住宅二院入口的小门类似庙门，院内厅房面阔三间，进深较大。二院与三院之间靠一垂花门相连，三院垂花门两侧为抄手廊，且与连接各房的檐廊形成回廊状。三院耳房东西两侧设踏跺通向四院，四院内有后罩房一排（图4-17）。

②嘎嘎胡同某号

此宅看起来好像是两所住宅。前宅部分有两个院子，二院厅房呈一字形状，东西两山墙直抵院墙，这种布局较为少见。厅房正中为一门道，它可通向三院。三院是一个狭长形的院子，正面设一道垂花门。四院北部为正房、耳房，东西两侧设厢房，院内甬道呈十字状。此宅没有后罩房（图4-18）。

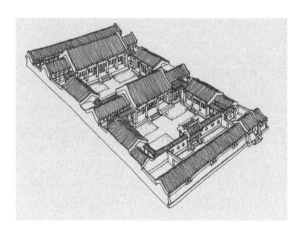

图4-16　四进院形制—《北京四合院》(原版)作者自绘

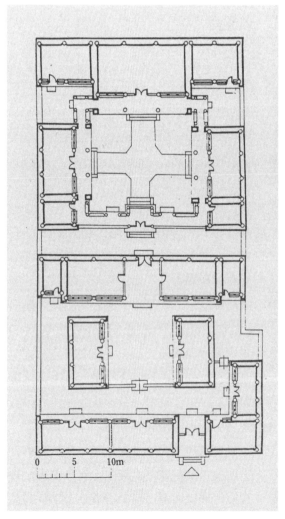

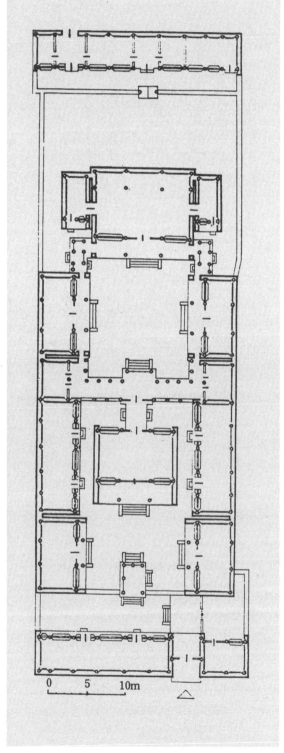

图4-18　嘎嘎胡同某号平面—《北京四合院》(原版)作者自绘　　　图4-17　帽儿胡同某号平面—《北京四合院》(原版)作者自绘

5．五进院

五进院的住宅与四进宅院布局类似，以东城区大佛寺东街6号为例：该宅原为清代承恩公志钧府，现保存完好的是原府西部。大门位于东南角，门前设有影壁，一进院较大，南部为倒座，东西两侧有小房。二进院和三进院布局类似，厅房、厢房、耳房围合院落，并有连廊连通，二进院入口为垂花门。四进院和五进院均为狭长型院落，四进院有房屋九间，五进院为后罩房。由于该住宅为府邸，建筑规制等级较高，装修风格典雅（图4-19）。

三、多路四合院布局

如前所述，多路多进院住宅为大型北京四合院住宅，通常是达官贵人的府邸，现结合实例加以介绍。

1．二路四合院

二路四合院又分为一主一次式和两路并联式，具体内容见实例（图4-20）。

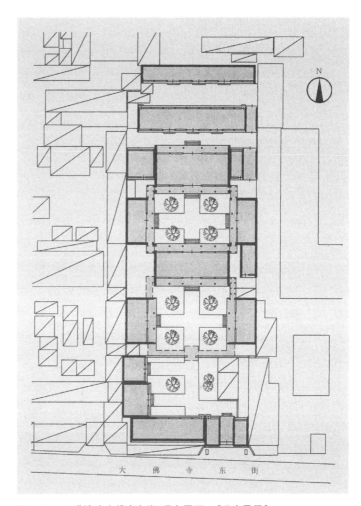

图4-19　五进院（大佛寺东街6号）平面—《北京民居》

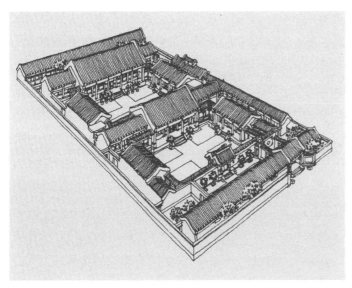

图4-20a　二路四合院形制（一主一次式）—《北京四合院》（原版）作者自绘

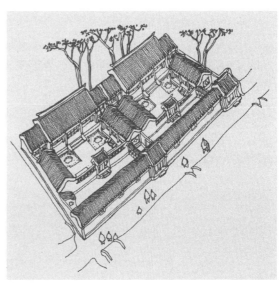

图4-20b　二路四合院形制（两路并联式）—《北京四合院》（原版）作者自绘

① 关东店某号

关东店某号是一主一次式四合院住宅。该宅西部是住宅院，东侧跨院内设东厢房，跨院内的房间供仆人使用，也可用于出租。据一些年长的老北京说，往年举子进京赶考就住在此类房屋内，清时北京人称这种房间为"状元及第"（图4-21）。

② 秦老胡同某号

秦老胡同某号的布局，是把两路五进院的宅子并联起来，两路院落的交通联系靠屏门相连。大门位于全宅的东南角，若将两路院落分开，与纵向五进院的住宅没有多大区别（图4-22）。

关于两路联立式四合院产生的缘由，从考察的情况分析，各路院落都有各自的宅门，只是并联后仅开一个宅门。由此看来，很可能是住户为了扩大宅院而把邻宅买下，合并为一宅。

2. 多路四合院

前面所述的恭王府、崇礼住宅均属于多路多进四合院，在此介绍两个规模较小的多路四合院实例。

① 大方家胡同某号

宅院的大门位于全宅的东南角，门内有两个影壁，东面影壁后置假山。东跨院内有一栋二层小楼，纵向进深较大，顶部采用勾连搭的形式。由大门向西进入一进院，再由西向北跨三院到达正房。后罩房东部有通道通向北部的院子，该院西侧又跨一个带有工字厅的小院（图4-23）。

② 赵堂子胡同某号

此宅为近代中国建筑泰斗朱启钤的故居。全宅多组院落由正中的一条穿廊连贯，廊西的各院主要用于居住，廊东的各院供读书、娱乐使用。另根据实地调查，西侧第二进院子的正厅高大，第三进院子内的房间设地下室，并附

有采光窗。整个住宅由于中部廊子串联，布局骨架类似于树的枝干状（图4-24）。

第二节　单体建筑形制

一、大门

在北京四合院住宅中，大门是最重要的单体建筑之一。它不仅是主人出入的门户，还是户主社会地位的象征。大门的形式多种多样：按构造划分，有屋宇式大门和墙垣式大门；按方位划分，有南门、东南门、西北门；按规制划分，有王府大门、广亮大门、金柱大门等。下面主要按规制等级介绍常见的几种大门。

1. 王府大门

王府大门是北京四合院中等级最高的大门，其本身亦根据门第的高低而有所差别。清代规定，亲王府正门七间，上覆绿色琉璃瓦，每门金钉63个；郡王府的正间五间，仅可开启三门，门钉的数目也较前者略少（图4-25）。

平面布局方面，大门位于王府中路的轴线上，大门位置居中，东西各有角门，俗称阿斯门（图4-26），供普通人出入，府门外除设有石狮、灯柱、拴马桩等，还常常设置上马石，供王府要人上下马使用。屋顶方面，王府大门多采用硬山或歇山式屋顶，顶上置正脊、正吻，垂脊上有仙人走兽，大门的梁枋均施油漆彩画。其余做法与广亮大门类似。

2. 广亮大门

广亮大门是贵族官宦住宅的大门。清代采用此种大门的住户必须有相应的官品，而大门上的雀替和三幅云则是品位的标志（图4-27）。

该种大门面阔一间，门前台阶设垂带，门

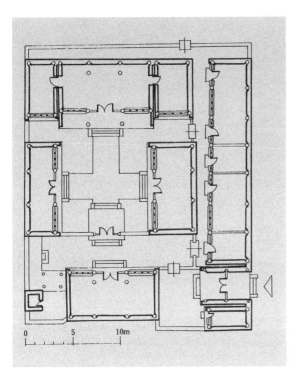

图4-21　关东店某号平面（一主一次式）—《北京四合院》
（原版）作者自绘

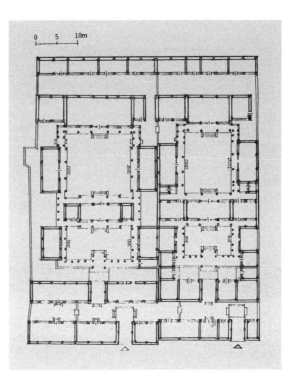

图4-22　秦老胡同某号平面（两路并联式）—《北京四合院》
（原版）作者自绘

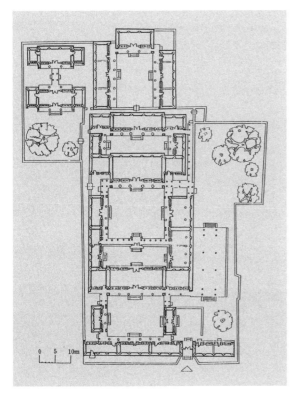

图4-23　大方家胡同某号（多路四合院）—《北京四合院》
（原版）作者自绘

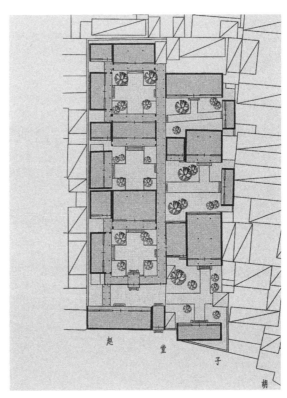

图4-24　朱启钤故居平面图—《北京民居》

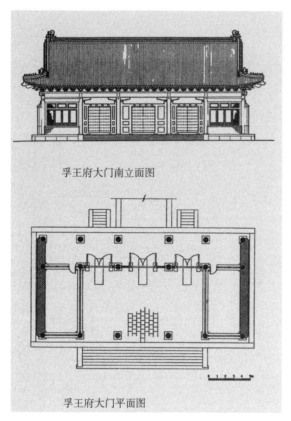

孚王府大门南立面图

孚王府大门平面图

图4-25 孚王府大门—《北京民居》

图4-26b 拴马桩—作者拍摄

图4-26a 恭王府阿斯门—作者拍摄

扇位于脊檩之下，门板两扇，门轴下端装在门枕石的槽子里，上端用联楹和门簪固定到大门框上，以起旋转作用。门槛插入门枕石侧面槽内，走车时可以拔下。门簪上部装走马板，供悬挂牌匾或施以彩画，门簪和抱鼓石是大门装饰的重点。

大门外两侧山墙的墀头，其上部戗檐常置砖雕，砖雕多采用动植物作为图案，如狮子、麒麟、牡丹、海棠等。戗檐下依次设盘头、混枭、炉口等线脚，底部常用一个花篮垫花作为结束。山墙侧面博缝头也加砖雕，采用如意、柿子、万字等组成图案，寓意吉祥。

大门内两侧墙壁为素白墙面，也有砖砌的，俗称"邱门"。门内屋顶多为砌上露明造，山尖部分做五花象眼，也有门内屋顶设吊顶的。朝院一侧檩柱之间均设倒挂眉子。

广亮大门的屋顶形式以硬山式为主，屋面用筒瓦或仰合瓦，屋脊常见的有元宝脊、清水脊、鞍子脊等，侧面设排山勾滴。

广亮大门是北京宅第大门中最基本的一种形式，其余的几种屋宇式大门都可被视为它的沿承和发展。

3. 金柱大门

金柱大门的规格仅次于广亮大门，多为达官、富商住宅的大门。金柱大门的进深略小于广亮大门，门扇外移至金檩之下，用金柱固定。这种大门内上部多设吊顶，门外侧的顶棚施油漆彩画，大门的檐檩、垫板、坊子上常绘有苏式彩画（图4-28）。

4. 蛮子门

蛮子门是一种门扇立于外檐柱处的屋宇式大门。与广亮大门、金柱大门的区别在于，它将门

图4-27a 广亮大门外观—作者拍摄

图4-27b 广亮大门博缝头细部—作者拍摄

图4-27c 广亮大门上部构造—作者拍摄

图4-27d 广亮大门上部构造—作者拍摄

图4-27e 带八字影壁的广亮大门—作者拍摄

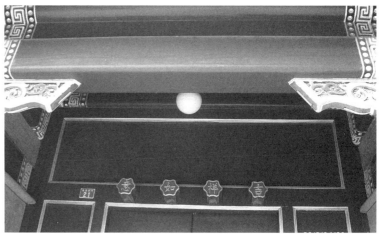

图4-27f 广亮大门门簪与走马板—作者拍摄

框、门扇外移至外檐柱处。有些蛮子门前用马尾礓磋代替垂带踏跺。据说这种宅门的形式来源于南方，旧时由南方商人首先引用（图4-29）。

5．如意门

如意门原为广亮大门，只是后来为了安全等原因在外檐下后加砖墙再留门。据一些老工匠说，这种大门的由来：一是原为广亮大门的宅第，后卖给一般平民，住户不敢僭越清代门制，只得将门改小；二是20世纪初外国侵略者数次入侵北京，人们出于防范心理而缩小门户。还有一种说法，房主是无官富豪，采用广亮大门的形制，但入口处设如意门，这样既可显富，又不致越制（图4-30）。

如意门的特征是门口两侧用砖砌墙，洞口本身较为窄小，门楣上多施各种砖雕，并以此显示等级。如富户砖雕用九世同居、狮子滚绣球等纹样，次之用凤凰牡丹、番草人物，普通住户用平素栏板。

图4-27g 广亮大门—作者拍摄

图4-28a　金柱大门—作者拍摄

图4-28b　金柱大门外观—作者拍摄

图4-28c　金柱大门外观—作者拍摄

图4-28d　金柱大门（张振光 摄影）

图4-29a　蛮子大门外观—作者拍摄

图4-29b　蛮子大门外观—作者拍摄

图4-29c　蛮子门外观—作者拍摄

图4-29d　蛮子门外观—作者拍摄

图4-30a　如意门外观—作者拍摄

图4-30b　如意门外观—作者拍摄

图4-30c　如意门外观—作者拍摄

6．小门楼

小门楼是墙垣式大门中最常见的形式，它的种类很多，但造型上大同小异。主要有元宝脊、清水脊、筒瓦、仰合瓦等几种不同的屋面做法。此外，较为讲究的小门楼门楣上都用砖雕装饰（图4-31）。

7．中西式大门

中西式大门又称圆明园式墙门，多建于清末，大门造型风格中西合璧，常用西洋式拱券装饰门洞。中西式大门前面已有所介绍，在此请见图（图4-32）。

二、房屋

1．厅房

四合院房屋多为单面开门、开窗，而厅房通常是前后两面开门、开窗，甚至有四面都布

图4-31a　小门楼—《胡同的记忆》

图4-31b　随墙门—作者拍摄

图4-32a　中西式随墙门—作者拍摄

图4-32b　中西式随墙门（张振光 摄影）

置门窗的。住宅内常见的厅房有三类：一是过厅，过厅的功能仅供居者穿行；二是厅堂，厅堂前后两面开门、开窗，面阔一般三间或五间，当中一间供人穿行，旁边的空间可作为起居或招待客人用；三是花厅，花厅主要供居者游憩，它的平面及立面造型较为华丽，有的花厅还在前檐处加抱厦、卷棚等（图4-33）。

2. 正房

正房也称上房、北房或主房，位于宅院中偏北部。正房在全宅所处的地位最高，其开间、进深、高度方面都较其他房间的大，装修等级也居全宅之首。

正房的间数取奇数，普通四合院正房的间数为三间、五间，七间的正房极少。调研中我们还发现，有些老宅子的正房左边（东面）的次间、梢间较右边的略大，这可能是受到"左为上"的传统习俗影响（图4-34）。

3. 厢房

内院东西两侧的房子叫厢房，位于东部的叫东厢房，西部的称西厢房。老宅子东厢房尺寸比西厢房的稍大，等级仅次于正房。

厢房的间数多为三间，如果内院南北向较长，厢房两侧可设置盝顶。厢房的屋顶常与正房一样，多采用硬山式屋顶（图4-35）。

4. 耳房

正房两侧较为低矮的房屋叫耳房，耳房的进深较正房浅，台基也比正房低。耳房的开间有一间和两间的，耳房边可设侧门。由耳房、

图4-33a　厅房（崇礼住宅）—作者拍摄

图4-33b　厅房（恭王府）—作者拍摄

图4-34a　正房（崇礼住宅）—作者拍摄

图4-34b　正房（郭沫若故居）—作者拍摄

图4-35a　厢房（崇礼住宅）—作者拍摄

图4-35b　厢房（梅兰芳故居）—作者拍摄

厢房山墙和院墙所组成的窄小空间称为"露地"，经常被作为杂物院使用，也有居者在此布置假山、花木。此外，在构造上正房、耳房有各自独立的山墙，民国时期将之加以简化，两墙合二为一（图4-36）。

5．倒座

倒座房位于宅院的南部、大门以西。它的后檐墙临街，一般不开窗或开小高窗，且有露檐、封护檐之分。靠近大门的一间多用于门房或男仆居室，面对垂花门的三间供来客居住，倒座的西部常用墙和屏门隔出一个小的跨院，内设厕所。较大的宅子大门以东设小院，内有倒座一间，称为塾（图4-37）。

6．后罩房

后罩房位于宅院的最北部，如果住宅有后门，后门的位置就在后罩房西北角的一间。后罩房与倒座房一样，等级上低于厢房，高度也比厢房稍矮，后檐墙临街做法与倒座基本相同（图4-38）。

三、影壁

影壁和大门的关系密不可分，它们共同构成了四合院住宅的先导空间。住宅中的影壁分为门内影壁和门外影壁，门内影壁又有独立式及跨山式两种，具体形制如下。

1．独立影壁

独立影壁是一段独立的墙体，墙体的下部设须弥座或下碱墙，顶部采用清水脊或元宝脊，并上覆筒瓦顶。墙体的中部统称影壁心，分为硬心与软心，硬心做法与邱门一致，硬心影壁按所加纹样的多少又分为六种：中心四岔带三层檐影壁；中心四岔带四层檐影壁；中心四岔

图4-36a　耳房露地（梅兰芳故居）—作者拍摄　　　　　图4-36b　耳房—作者拍摄

图4-37a　倒座（院内）—作者拍摄　　　　　图4-37b　倒座房—作者拍摄

图4-38a　后檐墙的窗—作者拍摄

图4-38b　后罩房（郭沫若故居）—作者拍摄

图4-38c　后罩房与
后门—作者拍摄

带五层檐影壁；中心四岔带柱枋影壁；中心素面带柱枋影壁；中心带砖雕匾牌影壁。

中心砖雕纹样有九世同居、钩子莲、凤凰牡丹、荷叶莲花等。四岔纹样包括菊、牡丹、松、竹、梅。影壁上常用砖做出枋、梁、柱，壁心部分往往设匾，书写"迎祥"、"平安"等字样（图4-39）。

软心影壁为白色壁心，周边用木条做成花纹图框，内挂牌匾或绘制壁画。近代北京人还时兴在影壁前置太湖石，摆盆景。此外，木围屏亦可称为特殊的门内独立影壁。

2. 跨山影壁

跨山影壁位于东厢房的山墙上，并在山墙挑出屋檐作为影壁顶子。这种影壁的优点在于节约用地、省工省料。简易的跨山影壁只是在山墙上用石灰刷出一块壁心，并用青灰加框（图4-40）。

3. 门外影壁

等级较高的四合院门外均设门外影壁。门外影壁有八字影壁和一字影壁。八字影壁由三部分组成，中间是一个一字形影壁，旁边两影壁布置呈八字形，且位于大门外正前方，八字影壁也可设在大门两侧，中间一字影壁位置被大门取代。一字影壁类似于八字影壁的中心部分，但它又有中间高两旁低和单独一字形的两种，建在大门正前方胡同旁。门外影壁的其他做法与门内独立影壁的做法基本相同（图4-41）。

四、建筑小品

1. 连廊

北京四合院廊的形制依所在位置大致分为四种，即位于垂花门两侧的抄手廊、建筑转角处的窝角廊、房屋前部的檐廊、纵穿两进院以上的穿廊。

总的来说，大型宅院用廊较多。有花厅的院子三面是廊一面是厅，廊的外侧做花墙，墙上开漏窗或灯窗。抄手廊、窝角廊、连廊可在外侧设置坐凳、栏杆，供人小憩。

从构造上看，各廊的顶部均采用彻上露明造，建筑构件如檩、垫、枋、梁等施油漆彩画，

图4-39a　门内独立影壁—《北京民居》

图4-39b　独立影壁（安匠胡同）—《胡同的记忆》

图4-39c　门内独立影壁1—作者拍摄

图4-39d　门内独立影壁2—作者拍摄

图4-39e　影壁题字—作者拍摄

图4-39f　门内独立影壁—作者拍摄

图4-40a　跨山影壁—作者拍摄

图4-40b　跨山影壁—作者拍摄

图4-41a　门外八字影壁细部—作者拍摄

图4-41b　门外影壁1—作者拍摄

图4-41c　门外影壁2—作者拍摄

图4-41d　门外影壁3—作者拍摄

图4-41e　门外八字影壁—作者拍摄

廊子屋面一般为卷棚式屋顶，廊柱之间做倒挂楣子。檐廊山墙上部常设三角形象眼，廊的墙面与邱门类似，分为硬心与软心两种，内有砖雕或壁画（图4-42）。

2. 垂花门

垂花门是内宅的门，北京人也有称之为二门的。它是主人社会地位的标志，又是吉祥的象征。垂花门一般有前后两排柱子，分别安装槛框。外柱之间的攒边门通常是开启的，内柱之间的四扇屏门，除有重大礼仪之外平时不开启（图4-43）。

3. 围墙

分隔院落的卡子墙和住宅的外部围墙是北京四合院的两种主要围墙。卡子墙也有设在住宅外部的，这种情况多发生在小型宅院，由于各房之间距离靠得过近，因此，在宅院外沿简单地用卡子墙代替外墙。卡子墙多为平顶，上部用瓦或砖砌成花墙，中部设墙心，下部常做下碱。大型四合院可单设外部围墙，外墙与各栋房屋（主要东、西、北三面）留有1m左右的距离，俗称甬道或更道，供夜间打更人环宅巡逻使用。外墙的顶子主要有五种，即真硬顶、假硬顶、砖瓦檐鹰不落、宝盒子顶、花瓦子（图4-44）。

图4-42a　抄手廊—作者拍摄

图4-42b　连廊—《四合院情思》

图4-42c　施工中的窝角廊—作者拍摄

图4-42d　窝角廊—作者拍摄

图4-42e　檐廊—作者拍摄

图4-42f 檐廊—作者拍摄

图4-42g 廊上的倒挂楣子—作者拍摄

图4-43a 垂花门垂头—作者拍摄

图4-43b 垂花门门头—作者拍摄

图4-43c　垂花门上部构造—作者拍摄

图4-43d　施工中的一殿一卷式垂花门顶—作者拍摄

图4-43e　垂花门—作者拍摄

五、花园建筑

先让我们介绍一下楼房。北京四合院的楼房多为两层，王府按形制可设东西配楼和后罩楼，至于宅第，楼房属于花园中的建筑，一般并不多见。楼房的形制多种多样，王府中的楼房往往采用传统的式样，而花园（包括王府花园）中的楼房可以是中式的、中西式的或者西式的。

此外，各式花园建筑，如亭、台、廊、阁、轩、榭、斋等也是构成北京四合院的建筑要素，其形式与构造均与园林中的同类建筑相符（图4-45）。

图4-44a　卡子墙上部的花墙样式—《北京四合院》

图4-44c　卡子墙—作者拍摄

图4-44b　卡子墙（恭王府）—作者拍摄

图4-44d　外围墙（恭王府）—作者拍摄

图4-44e　府的甬道—作者拍摄

图4-44f　住宅外甬道—作者拍摄

图4-45a　花园内的楼房（半亩园）—作者拍摄

图4-45b　花园内的楼房（恭王府）—作者拍摄

图4-45c　花厅侧面（崇礼住宅）—作者拍摄

图4-45d　花厅正面（崇礼住宅）—作者拍摄

图4-45e　花园假山长廊（恭王府）—作者拍摄

图4-45f　花园建筑（恭王府）—作者拍摄

图4-45g　花园临水长廊（恭王府）—作者拍摄

图4-45h　花园流杯亭（恭王府）—作者拍摄

图4-45i　花园亭台（恭王府）—作者拍摄

图4-45j　水榭（恭王府）—作者拍摄

图4-45k　恭王府水榭—作者拍摄

图4-45l　恭王府水榭—作者拍摄

图4-45m　花园假山—作者拍摄

第三节　住宅装修及细部处理

一、门的装修

1．大门

普通大门采用双扇板门，朝外部分门板光平无缝，并装上一对门环供叫门使用。朝内部分用边梃抹头和数根穿带钉成门框，其作用在于固定门板，门板中部又有插关梁两道。住宅的大门较为厚重，大户人家有佣人专管。在清代，府的大门用红色，宅第用黑色，近代则取消了这种限制，百姓人家亦可用红色（图4-46）。

2．屏门

屏门的门扇是用两面木板、中间设木格钉制而成的。屏门多采用绿色，四扇门板上常各贴一字，也有用金漆黑点子的（图4-47）。

3．格门

格门是主要房屋（正房、厢房等）的房门。一般格门有四扇或六扇门，每扇门又分为上下两个部分：上部叫格心，格心可以糊纸或镶玻璃；下部叫裙板，板上雕刻出各种纹样。格门的各扇都可以打开、拆下，每逢重大节日，北京人习惯把格门摘下（图4-48）。

二、窗的装修

1．支摘窗

北京四合院各房屋的窗户多数为支摘窗。支摘窗由内外两层组成，外层上部可支起、下部可摘下，近年外层窗多已废除不用。内层下扇装玻璃，上扇糊冷布，内加卷纸，可卷可放。支摘窗木格常作田字形分格，但富贵人家也经常做成花格，如步步锦、盘头、冰裂纹、龟背锦、万胜友等（图4-49）。

2．槛窗

槛窗多用在王府的正殿或家庙祠堂中。它的构造与格门相同，只是去掉了下部的裙板，而代之以槛墙。槛墙上部设榻板、风槛，并用榻板、风槛固定窗扇（图4-50）。

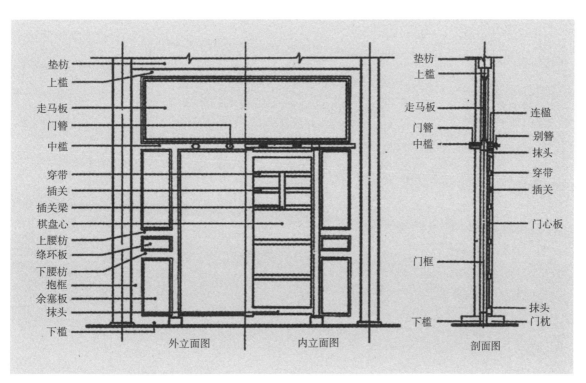

图4-46a　大门（如意门）构造—《北京民居》

图4-46b　大门门板—作者拍摄

图4-46c　大门门钉（恭王府）—作者拍摄

图4-46d　大门门环—作者拍摄

图4-46e　大门门扇（广亮大门内侧）—作者拍摄

图4-46f　大门上部构造—作者拍摄

图4-46g　门板内侧—作者拍摄

图4-46h　小门内侧门板—作者拍摄

图4-47a　屏门—作者拍摄

图4-47b　屏门—作者拍摄

图4-48b　格门—作者拍摄

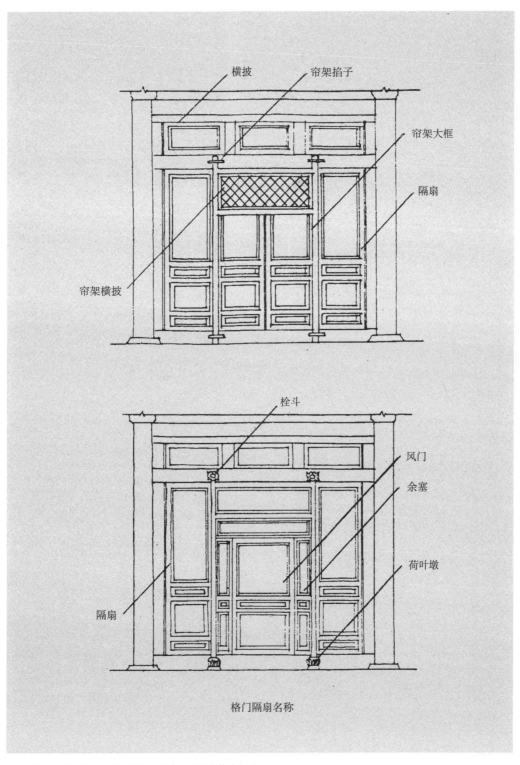

横披　帘架掐子　帘架大框　隔扇　帘架横披　栓斗　风门　余塞　荷叶墩　隔扇

格门隔扇名称

图4-48a　格门构造—《北京四合院》(原版)作者标注

图4-48c　格门—作者拍摄

图4-48d　格门—作者拍摄

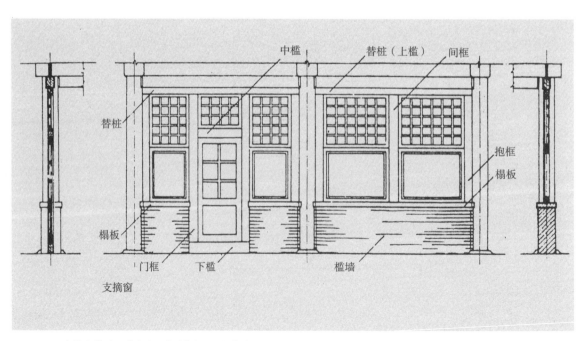

图4-49a　支摘窗构造—《北京四合院》(原版)作者标注

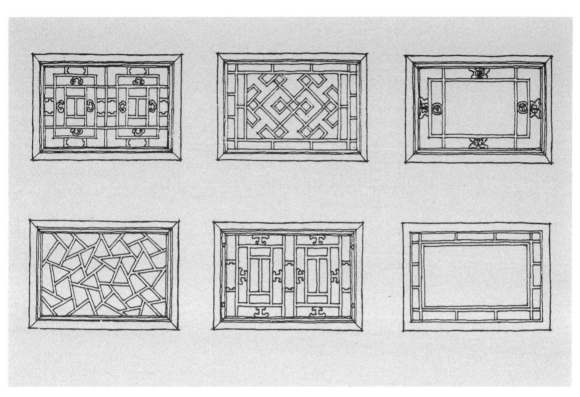

图4-49b　支摘窗花格—《北京四合院》（原版）作者自绘

图4-49c　支摘窗—作者拍摄

图4-49d　支摘窗—作者拍摄

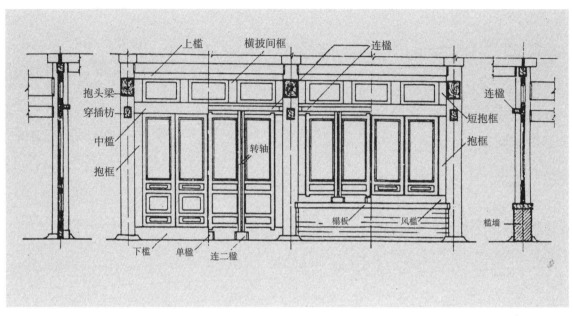

图4-50a　槛窗构造一《北京四合院》(原版)，作者标注

图4-50b　槛窗—作者拍摄

图4-50c　槛窗—作者拍摄

3．什锦窗

这种窗常用在廊子的墙上。窗的外框用木材或砖雕制成，内设窗格、可镶玻璃。窗的外形多种多样，常见的有扇面、桃子、六角、八角、圆形、方形等（图4-51）。

三、隔断、顶棚与地面的装修

1．隔断

隔断用于室内空间的划分，常见的有三种形式：第一种是隔断墙，构造上采用木框架钉板，外面糊纸，简易住宅可用秫秸秆经裱糊制成；第二种是碧纱罩，室内碧纱罩较房门的隔扇轻巧，格心多用灯笼框的形式，中间常镶裱字画，隔扇一般都固定在上下槛之间，并可摘下；第三种是各种罩，如落地罩、几腿罩、栏杆罩、八角罩、圆光罩等（图4-52）。

2．顶棚

顶棚的构造是由架子和面层组成。架子常用秫秸秆扎结，上部挂在檩子上。面层分为两道：先用废纸糊在秫秸秆上，再覆一层白色裱心纸或花纸。讲究的顶棚用木制方格作为架子，外面再糊纸封顶（图4-53）。

3．地面

室内地面采用砖墁地，近代大户人家也有用花缸砖、瓷砖铺地，或使用木质地板。砖墁地用砖规格有两种：一种是方砖，另一种是小砖。考究的地面待磨砖对缝墁好以后，再涂几道桐油，并打上一层蜡，一般越是上等的宅子用砖规格越大。至于花岗砖、瓷砖、木制地板的构造和做法则与现在相同。

室外地面用普通条砖铺地，路心常用方砖，且尺寸上与廊柱保持对位关系（图4-54）。

图4-51a　带什锦窗的廊子—作者拍摄

图4-51b　什锦窗—《图说北京四合院》

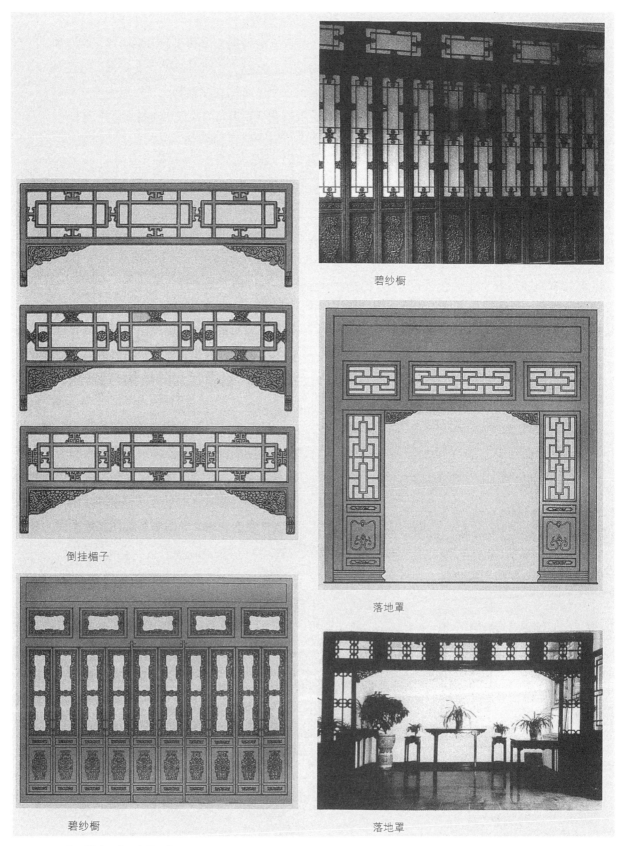

碧纱橱

倒挂楣子

落地罩

碧纱橱

落地罩

图4-52a　花罩样式一《北京民居》

图4-52b　室内花罩—作者拍摄

图4-52c　室内花罩—作者拍摄

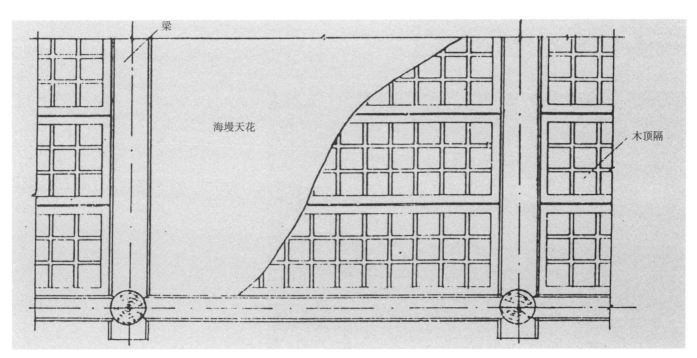

图4-53a　顶棚做法—《北京四合院》（原版）作者标注

图4-53b　百花图天花纹饰—《北京四合院建筑》

图4-53d　顶棚天花—作者拍摄

图4-53c　顶棚天花—作者拍摄

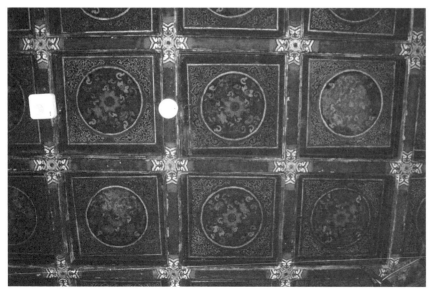

图4-53e　顶棚天花—作者拍摄

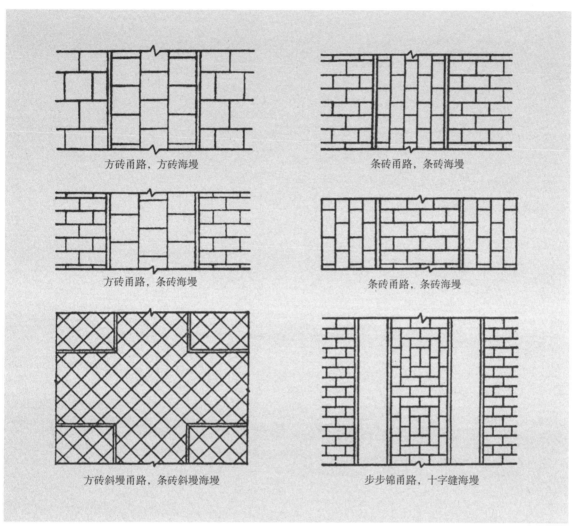

方砖甬路，方砖海墁

条砖甬路，条砖海墁

方砖甬路，条砖海墁

条砖甬路，条砖海墁

方砖斜墁甬路，条砖斜墁海墁

步步锦甬路，十字缝海墁

图4-54a　地面铺砖—《北京民居》

图4-54b　地面铺装（恭王府）—作者拍摄

图4-54c　住宅地面铺装—《四合院情思》

第五章

北京四合院营造

第一节　设计与备建

一、传统的设计方式

旧时老北京人盖房子一般先请民间匠人谋划，类似于现代的建筑设计，这种传统的设计方式有如下特点：

第一，"营"与"造"具有一体性，即住宅的设计与施工都是由民间工匠承担，其中木工头扮演着重要的角色。

第二，建宅要请人看风水，相宅的内容包括择地、定方位、调整房屋关系等。

第三，房屋的做法有一定之规，官贵人家的宅第严格按清《工程做法》标准实施。普通人家住宅的做法与清《工程做法》中的"小式

做法"类似（图5-1）。

第四，建房不用图纸。尽管清末建房屋已有图样，但多用于官式的重要建筑，普通民宅的建造仍凭工匠经验，施工的方法相对固定，并由师徒代代相传。

第五，建宅多举行仪式，在开工、房屋上梁、竣工时有重要的礼仪活动。

二、营造的准备过程

通常地，传统住宅营造准备过程是这样进行的：先由业主提出要求，例如准备盖几进院子，需要多少房间，有多少钱用于建宅等；然后请风水师相地，风水师不仅在建宅前要对各房的关系、布局方式等提出具体方案，在建宅过程中，还应根据实施情况进行调整，一些熟

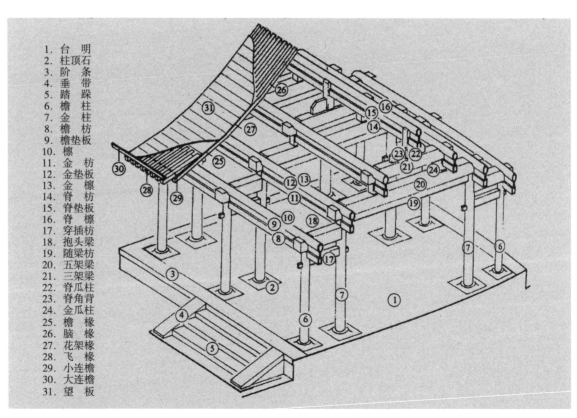

1. 台　　明
2. 柱顶石
3. 阶　　条
4. 垂　　带
5. 踏　　跺
6. 檐　　柱
7. 金　　柱
8. 檐　　枋
9. 檐垫板
10. 檐　　檩
11. 金　　枋
12. 金垫板
13. 金　　檩
14. 脊　　枋
15. 脊垫板
16. 脊　　檩
17. 穿插枋
18. 抱头梁
19. 随梁枋
20. 五架梁
21. 三架梁
22. 脊瓜柱
23. 脊角背
24. 金瓜柱
25. 檐　　椽
26. 脑　　椽
27. 花架椽
28. 飞　　椽
29. 小连檐
30. 大连檐
31. 望　　板

图5-1　房屋各部分构件名称—《中国建筑史》

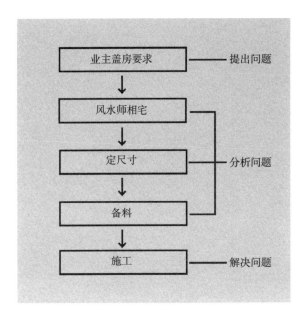

图5-2　四合院营造准备过程—作者绘制

悉风水择宅的工匠也可承担此项任务；接下来是施工前的准备工作，一般先由木匠工头用搭尺定出正房的进深、开间尺寸，以此推出正房的柱高、柱径、出挑、梁枋断面、举折等，其他各房的尺寸均以正房作为标准而依次递减；尺寸定出后再进行选料，如木材方面多选用黄松、榆木，砖的品种则根据户主的财力具体商议，待所有准备工作完成，就可以进行施工了（图5-2）。

第二节　基础的做法

一、放线与刨槽

放线与刨槽是北京四合院施工的第一道程序，放线通常以宅院的中线行（中轴线）为准，用直角尺找出各房前后檐柱的轴线，并用中墩、野墩及钉在墩上的细绳加以注明，随后用类似

的方法定出房屋的开间与通面宽，最后用石灰粉画出房屋的基线。

接下来就是刨槽。刨槽是以所放的各线为依据，沿线挖槽。槽体的宽度视不同房屋墙体厚度而定，一般房屋的槽宽1.5m，深1m左右，较小的房屋槽深只有0.5m。

二、地基

常见的地基做法有两种，即打灰土和填满碎砖法。

打灰土属于北京传统建筑的通用做法。其过程是：首先平整槽底用夯打实，铺三七灰土26cm分窝夯打，并用小硪找平，灌水后隔夜闷透，第二天用硪找平，且再晾干一天，然后重复上述方法夯第二步灰土。以此类推，共夯三步灰土，每步灰土夯后的实际厚度约16cm左右，三步灰土总厚度在48cm上下。按上述程序，夯打三步灰土至少用九天时间，如果遇到重要的建筑，如王府的正殿，灰土步数增多，施工时间也更长。

填碎砖法是用碎砖直接填入槽内，然后灌白浆打实，这种方法的优点是砖的强度大，槽体的深度可以浅些。由于北京历代营建所遗留下来的碎砖很多，采用这种方法较为便利。

三、基础

待基础的下部做好后，就可以埋身砌墙了。所用材料分为两类：一类用大开条砖置于各柱之下，俗称"磉墩"，大小、厚度依柱的粗细而定；另一类用普通条砖，在各磉墩之间砌地平以下的墙，俗称"拦墩"。具体的做法是：先用月白浆制成干摆磉墩，再在各磉墩之间连续砌起拦墩，然后将土填入磉墩与拦墩围合成的方格形空间内，待基础出地面之后，置土衬石和压面石，以便其上再砌维护墙（图5-3）。

图5-3a　基础—作者拍摄

图5-3b　基础的条石—作者拍摄

图5-3c　台阶（张振光 摄影）

图5-3d　台阶—作者拍摄

第三节　木构造

一、构造与做法

北京四合院各房屋的木构架均采用抬梁式结构。其基本构造方式是：柱的上部沿房屋进深方向置梁，梁上放短柱，短柱之上再放梁。如此层层而上，在最上层梁的中部安脊瓜柱。梁的种类因位置不同而有所区别，一般房屋多用两层梁，下部称五架梁（直接或间接承受五根檩的重量），上部称三架梁（承三檩重量），檩的位置与房屋面宽方向平行，檐檩、金檩分别搭在五架梁、三架梁的两端，脊檩则搭在脊瓜柱上。檩的下部放垫板和枋，上部沿房屋进深方向钉椽子，椽子上再覆望板或苇席、苇箔、靶砖等（图5-4）。

柱子的种类亦视具体情况而定。一般较小宅院的房屋仅有前后两排檐柱，大宅主要房屋除檐柱外还设廊柱，如果房屋进深更大，还可设金柱、山柱（图5-5）。

屋面的坡度由举架确定，所谓举是指相邻两檩的竖向垂直距离，架是指相邻两檩的水平距离。清时北京四合院各房的各个步架距离相等，而各檩之间的举高则与房屋进深大小有关。

以七檩正房为例：檐步五举、金步七举、脊步九举，分别代表着相邻两檩升高是该两檩水平距离的50%、70%、90%（图5-6）。

屋面的出挑依靠椽子，檐口的椽子分为两层，即下部的檐椽和上部的飞椽（简易的房屋檐口不做飞椽）。出挑的深度常为柱高的3/10，正如老工匠们的口诀所述："木匠看三，瓦匠看二。"意指屋面出挑是柱高的3/10，由木工掌握；下部台明外出宽度是柱高的2/10，由瓦工掌握（图5-7）。

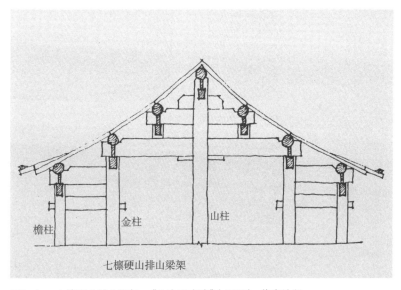

图5-4a　七檩硬山排山梁架—《北京四合院》（原版）　作者绘制

图5-4b　七架梁、五架梁、三架梁的关系—作者拍摄

图5-4c　五架梁、三架梁的关系—作者拍摄

图5-5a 檐柱上部构造—作者拍摄

图5-5b 檐柱与金柱—作者拍摄

图5-5c 檐柱与金柱—作者拍摄

图5-5e 檐柱（张振光 摄影）

图5-5f 檐柱（张振光 摄影）

图5-5d　檐柱—作者拍摄

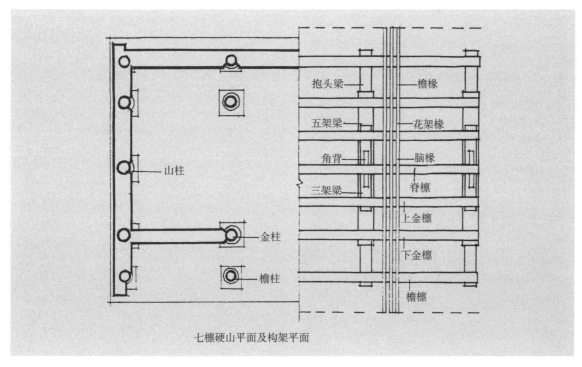

七檩硬山平面及构架平面

图5-6　七檩硬山平面及构架平面—《北京四合院》（原版）　作者绘制

图5-7　檐椽与飞椽—作者拍摄

二、相关权衡尺寸

北京四合院各种房屋的做法一般属于小式做法，在确定各种构件尺寸之前，应首先根据面宽的大小定出柱高和柱径，如常见的开间为一丈的房屋，按规定柱高应为八尺，柱径七寸，其他构件再以柱径作为权衡单位，按规定推算出来（见下表）（图5-8）。

各房施工尺寸表

房屋名称		平面尺寸			房屋关系（柱高）	墙厚
		面宽	进深	前檐廊深		
主房	明间	1丈1寸	1丈4或1丈6	3尺或4尺5寸	1丈2尺	1尺2或1尺4
	东次间	1丈05分				
	西次间	1丈				
东西厢房	明间	1丈	1丈2或1丈4	3尺	1丈1尺	1尺2寸
	北次间	9尺				
	南次间	9尺5寸				
耳房		9尺5寸	1丈2或1丈4		9尺	1尺2寸
六檩勾连搭垂花门或过厅		9尺或1丈	1丈4尺		1丈1尺5寸	
倒座房		9尺或1丈	1丈4尺		1丈1尺	
后罩房		9尺	1丈2尺		1丈05分	

图5-8a　抱头梁和穿插枋构造关系—作者拍摄

图5-8b　梁架构造（垂花门）—作者拍摄

图5-8c 梁架构造(垂花门)—作者拍摄

图5-8d 梁架构造(倒座房)—作者拍摄

图5-8e 梁架构造(廊子上的卷棚)—作者拍摄

图5-8f 梁架构造(厢房)—作者拍摄

图5-8g 梁架构造(厢房)—作者拍摄

图5-8h 梁架构造（正房）—作者拍摄

图5-8i 屋檐构造（垂花门）—作者拍摄

图5-8j 梁架构造—张振光摄影

图5-8k 梁架构造—张振光摄影

第四节　墙身

一、墙的种类

按用砖情况分为三种，即整砖墙、外整内碎砖墙、碎砖墙。碎砖墙多用拳头大小的碎砖砌墙，但它日久容易脱落，故常用灰抹面，做成混水墙。

按砌砖方法分为五种：砖不进行任何加工就砌墙的叫草砖砌；略加工再砌的叫消白截头；缝子是将砖细磨，砌墙后上下砖边留缝；干摆俗称"磨砖对缝"，砖经细磨加工摆上后灌桃花浆或糯米浆，如果墙体从上到下全部干摆，称"干摆到家"；还有一种做法叫干摆下碱缝子心，即下部用干摆砌法，上部用缝子砌法（图5-9）。

按墙所在的部分划分，又有山墙、槛墙和后檐墙三种。山墙是指房屋侧面的外围护墙，它主要由腿子、墙心、墀头组成：腿子由整砖砌，常见的做法是干摆下碱缝子心；由腿子围合、位于山墙中心部分的叫墙心，墙心多用碎砖，外抹麻刀灰、青灰（图5-10）；山墙在房屋正面的部分是墀头，墀头上部戗檐的做法及构造与广亮大门类似（图5-11）。槛墙是窗台下部的墙，墙体外整里碎或碎砖抹灰，高级的槛墙可用摆砌法，槛墙的高度通常在1m以下（图5-12）。后檐墙屋檐的做法分露檐和封护檐两种：露檐屋面檐口露出檐檩、梁头；而封护檐则把檐檩、梁头等砌入墙内，檐部的式样采用冰盘檐、抽屉檐、菱角檐、圆混珠檐等（图5-13）。

图5-9a　施工中的外墙—作者拍摄

图5-9b　厢房山墙与耳房搭接处—作者拍摄　　　　　图5-9c　砖墙—作者拍摄

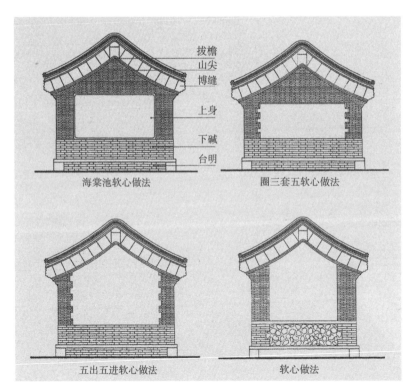

拔檐
山尖
博缝

上身

下碱
台明

海棠池软心做法　　　　　　圈三套五软心做法

五出五进软心做法　　　　　　软心做法

图5-10　山墙墙心
做法—《北京民居》

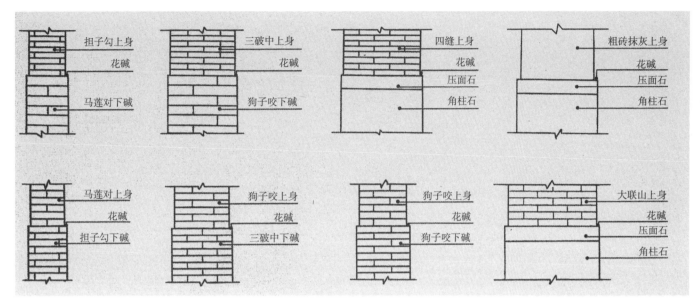

图5-11　砖、石墀头下碱做法—《北京民居》

图5-12a　槛墙—作者拍摄

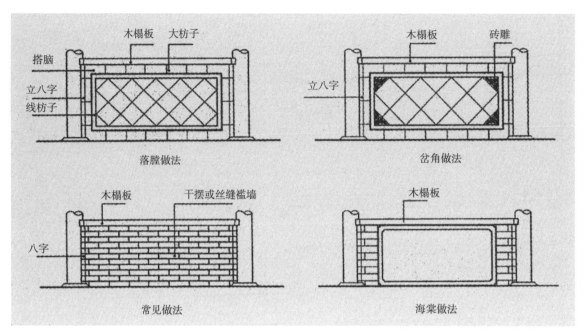

图5-12b　槛墙构造—《北京民居》

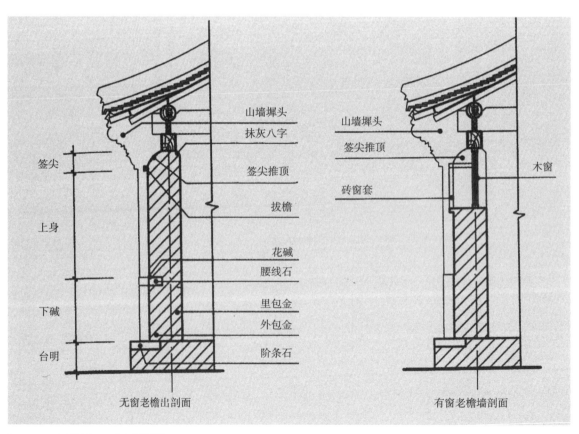

图5-13a　露檐剖面—《北京民居》

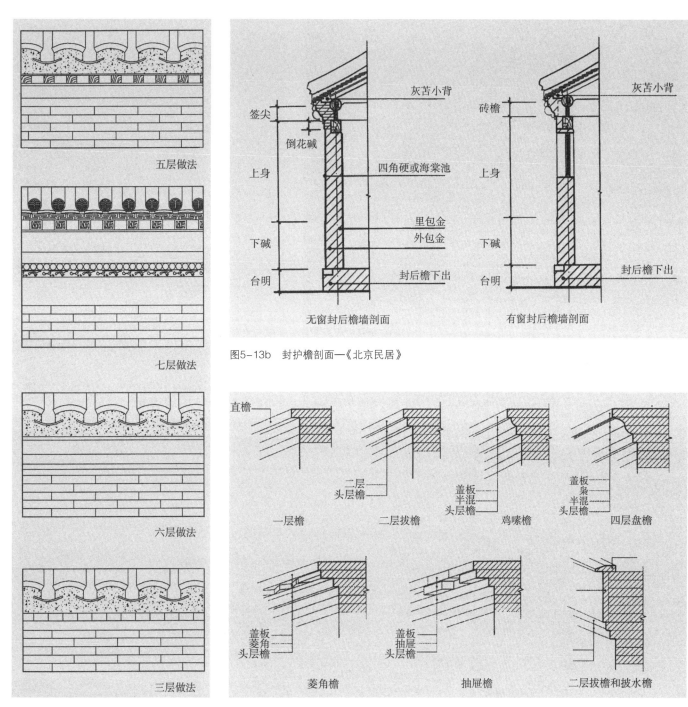

图5-13b　封护檐剖面—《北京民居》

图5-13c　后檐墙檐口做法—《北京民居》　　图5-13d　砖檐做法—《北京民居》

图5-13e 露檐—作者拍摄

图5-13f 封护檐—作者拍摄

图5-13g 封护檐—作者拍摄

二、墙身防潮

北京的土质尚好，地下水位不高，施工中对房屋防潮的处理比较简单。据老工匠说，早年有用桐油棉纸做防潮层的，但调查中我们没有见到这样的实例，一般是用简单的办法如压面石、金边等防潮。

面石的铺法有三间三安与三间五安之分，三安、五安指三块条石和五块条石。各柱根部也常设雕空花砖，以免柱根腐朽。此外，山墙山尖上也多用透空砖雕，这样有利于顶棚上部通风（5-14）。

三、砖的规格

北京老式砖的种类与规格主要有六种：

砖的名称	砖的尺寸
大开条	9×4×2寸
小开条	8×4×1.6寸
四丁	8×4×2寸
斧刃	8×4×1.6寸
亭泥	8.5×4×2.2寸
方砖	1.2尺、1.4尺、1.7尺、2尺见方

图5-14　山墙山尖的透空砖雕—作者拍摄

第五节　屋顶

一、屋脊的式样

常见的屋脊是大屋脊、元宝脊、清水脊、皮条脊、鞍子脊等。各脊不仅在调法上有所差异，而且在使用上亦有限制，如大屋脊的使用需有相应的官品（图5-15）。

脊的造型种类繁多，现仅以清水脊为例，清水脊的两端用花草砖装饰，砖的类型有跨草、平草、落落草等。跨草使用年代最早，雕花的砖立着摆放，并跨在脊的两侧。平草是将雕花的砖平着摆压在脊中，这种做法较为牢固。落落草是将上大底小的两层平草相互叠置（图5-16）。由于三种草砖出现年代不一，因此它们可以作为判断建宅年代的依据之一。

二、屋面的做法

常见的屋面做法有仰合瓦、棋盘心、青灰背、仰灰梗、脊筒瓦五种。由于北京冬季寒冷，房屋面层较厚。一般屋面的构造层次是椽子上部铺望板或苇席，再覆5~8cm的苫背，苫背上铺瓦（图5-17）。

采用仰合瓦屋面的住宅最为普遍，使用筒瓦有等级的限制，至于青灰顶、棋盘心，是经济条件较差的人家常采用的形式。铺瓦需要用铺瓦线定出屋面曲线，当采用不铺瓦的屋面时，可用青灰代替铺瓦作为屋面的罩层（如青灰顶、棋盘心），其优点是经济、保温，但如果操作不当，常会裂缝。

图5-15a　鞍子脊—作者拍摄

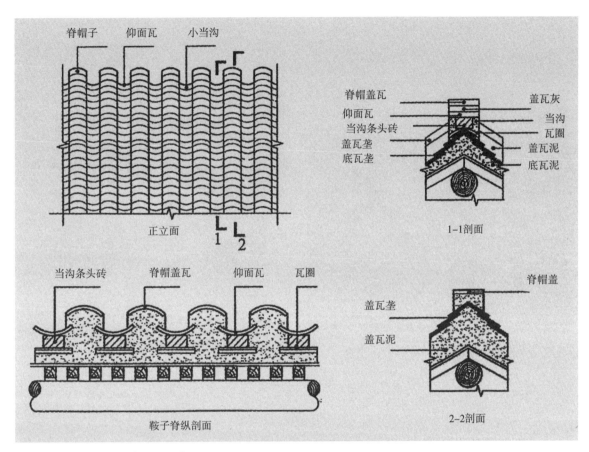

图5-15b　鞍子脊做法—《北京民居》

图5-15c　垂脊—作者拍摄

图5-15d　王府建筑屋脊和吻兽—作者拍摄

图5-15e　王府建筑屋脊和吻兽—作者拍摄

图5-15f　屋脊上的吻兽—作者拍摄

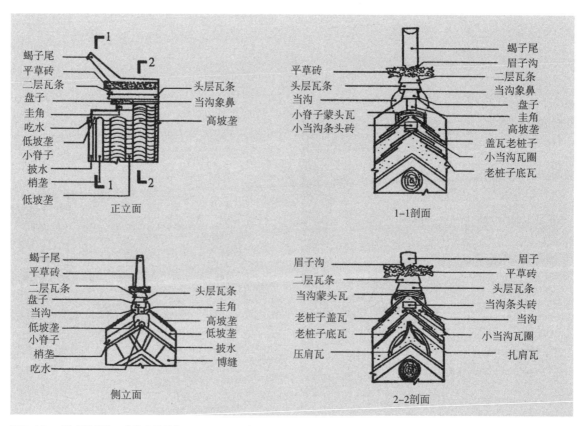

图5-16a　清水脊做法—《北京民居》

图5-16b　平草砖雕1—作者拍摄

图5-16c　平草砖雕2—作者拍摄

图5-16e　砖雕（张振光 摄影）

图5-16d　清水脊的蝎子尾—作者拍摄

图5-16f　砖雕（李鹏鹏 摄影）

图5-17a　筒瓦屋面—作者拍摄

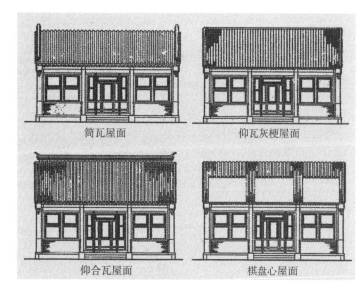

筒瓦屋面　　　　　　仰瓦灰梗屋面

仰合瓦屋面　　　　　　棋盘心屋面

图5-17b　屋面形式—《北京民居》

图5-17c　仰合瓦屋面—作者拍摄

仰合瓦、筒瓦的施工方法与北京其他建筑做法相同，在此我们主要介绍青灰屋面的施工方法：先在苇席上苫两层泥背，待干透后再把表面洇湿，按每趟60cm灰宽分趟抹3cm大麻刀一道，且边上留出八字礎，然后泼洒青灰浆，与灰胎揉压结合。采用这种方法时应注意各趟青灰接礎处的麻刀必须相互搭接，并做到赶扎及时充分。如果屋面是棋盘心、仰灰梗，还应在屋脊有梁柁的地方铺瓦。

三、天沟

天沟的作用是排泄屋面积水。两坡顶的屋面一般不设天沟，雨水顺着屋面瓦陇经檐口流下，勾连搭的屋顶需设天沟排水（图5-18）。

传统天沟做法是用青灰铺沟，天沟不漏水的诀窍有两点：一是豁亮，天沟做成较宽的梭子状，使水迅速外流；二是泥鳅背高起，使水不致顺着瓦缝灌入室内。近代也有吸取西洋建筑的躺沟做法，用镀锌铁皮做排水沟。

图5-18a　天沟—《四合院情思》

图5-18b　天沟—作者拍摄

图5-18c　天沟（张振光 摄影）

第六章

北京四合院装饰

第一节　砖雕、石雕、木雕

　　在北京四合院装饰艺术中，雕刻应用最为普遍。北京四合院的雕刻形象生动，造型优美、工艺上乘、寓意深刻，为严谨的住宅增添了浪漫的色彩。北京四合院的雕刻艺术有三种形式，即砖雕、石雕、木雕，下面将分类介绍。

一、砖雕

　　砖雕是在砖质构件上雕刻出各种图案的艺术。清代北京砖雕是中国四大砖雕之一，与苏雕、晋雕、徽雕比较，它图案饱满、风格稳重，具有浓厚的京城皇家气息。北京四合院砖雕用材以青砖为主，采用浮雕、透雕、线刻等工艺，主要用在门头、墙心、屋脊等部位。

1. 门头砖雕

　　北京四合院大门门头是砖雕装饰的重点部位，由于各种大门的构造不同，砖雕装饰部位也有所区别。

　　① 广亮大门

　　广亮大门的砖雕位于门外墀头的上端，由戗檐、垫花、博风头组成。戗檐位于墀头与屋檐的连接处，呈矩形状，砖雕图案为花卉、动物、博古类，常用的题材有梅花、牡丹、鹤、狮子、大象、麒麟、博古架等，采用的图案与户主的官位和爱好有关。垫花位于戗檐、拨檐、盘头之下，砖雕图案为花篮式，也有三角垫花的，题材为花卉、蔬果等。博风头位于戗檐的外侧，砖雕图案有牡丹、柿子、如意等。由于与广亮大门构造相似，金柱大门、蛮子门的砖雕也大致采用上述的做法（图6-1）。

图6-1a　广亮大门—作者拍摄　　　　　　图6-1b　广亮大门石墀头上部砖雕—花草图案—作者拍摄

② 如意门

如意门的砖雕位于大门门楣之处，由上部的栏板、中部的冰盘檐、下部的挂落板组成。栏板砖雕的题材多为花卉与博古类，也有栏板、望柱做素面的。冰盘檐由各式锦纹组成，挂落板通常用花卉装饰，墀头的装饰与广亮大门相同。

由于如意门门楣砖雕使用面积大，门头造型十分华丽，为北京宅门砖雕艺术的代表（图6-2）。

③ 其他

墙垣式大门的砖雕较为简单，如小门楼的砖雕多位于门楣之处，用冰盘檐、挂落板装饰。此外，部分中西式大门局部也用砖雕装饰（图6-3）。

2．墙心砖雕

① 影壁

影壁的砖雕前面已有涉及，在此仅就壁心砖雕简要介绍。

图6-2a　如意门—张振光摄影

图6-2b　如意门上的砖雕—作者拍摄

图6-3a　中西式随墙门（张振光 摄影）

图6-3b　中西式随墙门—作者拍摄

影壁的构造可划分为三段，即下碱、墙身、屋顶，其中墙身壁心部分为砖雕装饰的重点。通常壁心斜砌方砖，中心部分为菱形中心花，四角部分用花草装饰，也有壁心做成砖匾的，上刻"鸿禧"、"福禄"、"吉祥"等字样（图6-4）。

② 廊心墙

廊心墙指大门、房屋廊下两侧的墙面，其砖雕位于墙心，雕刻题材有花卉、题字类，也有素白的。若房屋外廊与游廊相通，需要在廊心墙开洞，称廊门筒子，门洞上的门头用砖雕装饰，图案常做成题额形式，内刻"蕴秀"、"竹幽"、"兰媚"等字样（图6-5）。

③ 槛墙

槛墙为窗下矮墙，位于正房、厢房檐廊下部。高规制住宅的槛墙用砖雕装饰，常见的砖雕为海棠池子，其做法是在槛墙上围砌枋子，墙心砌斜方石，池内中心和四角部位做砖雕，内雕花草图案（图6-6）。

图6-4a　影壁上的雕刻—《民间瑰宝耀京华》

图6-4b 影壁上的雕刻（李鹏鹏 摄影）

图6-5 广亮大门廊心墙—作者拍摄

图6-6 正房槛墙（梅兰芳故居）—作者拍摄

3. 其他砖雕

① 什锦窗

什锦窗是一种装饰性的漏窗，通常位于游廊的外墙上，窗的形状有圆形、扇面、八角、寿桃、梅花、玉壶等式样。什锦窗的窗套分砖质和木质两种，砖质的窗套用砖雕装饰，图案以花草纹样为主，造型十分典雅（图6-7）。

② 屋脊

在北京四合院建筑中，硬山、悬山屋顶的脊部常用砖雕装饰。正脊砖雕多位于脊的两端，上部做鸱尾，下部安装花草盘子，盘子按平、竖不同砌法分为平草和跨草两种，题材有松、竹、梅等。垂脊砖雕位于脊端部檐口处，王府建筑的垂脊可安置垂兽、跑兽，一般房屋垂脊端部安置盘子。此外，勾头、滴水等瓦件也常用砖雕装饰（图6-8）。

③ 透风

透风位于墙体下部，有为柱根通风防腐的作用。透风通常呈长方形状，中心雕花透空，外做边框，雕花题材以花草为主，造型优美（图6-9）。

二、石雕

石雕是一种规格较高的装饰艺术，常用于宫殿、坛庙、佛寺等重要建筑。石雕在住宅中多用于门外装饰，包括抱鼓石、敢当石、角柱石、上马石、拴马石等。

1. 抱鼓石

抱鼓石位于大门门槛的外侧，它与门枕石连为一体，具有承载大门门轴重量的作用。

抱鼓石有圆形抱鼓石和方形抱鼓石两种。圆形抱鼓石分为上下两部分：上部由大圆鼓和

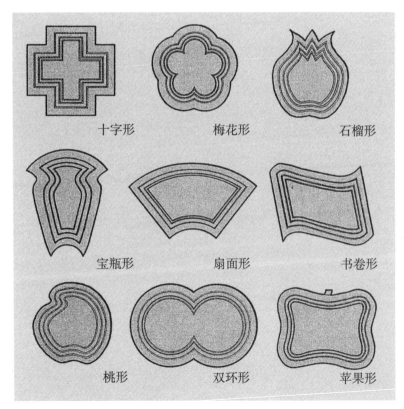

十字形	梅花形	石榴形
宝瓶形	扇面形	书卷形
桃形	双环形	苹果形

图6-7　什锦窗样式—《北京民居》

图6-8　屋脊—作者拍摄

小圆鼓组成，鼓两侧雕有吉祥图案，大圆鼓顶
部有石狮子；下部由须弥座构成，须弥座三个
立面下垂包袱角，上刻各式锦纹图案。方形抱
鼓石也分为上下两部分：上部幞头为长方体，
侧面刻有花草等图案，顶部也有雕刻的狮子；
下部设须弥座，做法与圆形抱鼓石座相似（图
6-10）。

2．泰山石与角柱石

　　泰山石又称敢当石，属辟邪之物，一般置
于宅院外墙角部，也有镶嵌在影壁上的，石柱
常有浅浮雕纹式，上刻"泰山石敢当"字样，
寓意保护宅院平安。

　　角柱石位于房屋墀头的下碱处，一般不做
雕刻，个别高档住宅角柱石有锦纹雕刻图案。

图6-9　透风—作者拍摄

图6-10a　抱鼓石—张振光摄影

图6-10b　抱鼓石—张振光摄影

图6-10c　圆形抱鼓石—《北京民居》

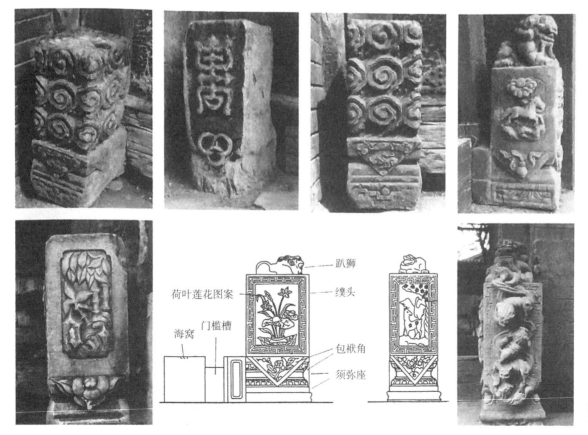

图6-10d　方形抱鼓石—《北京民居》

图6-10d　方形抱鼓石一《北京民居》

图6-10e　泰山石敢当与角柱石一《北京民居》

3. 上马石与拴马桩

旧时北京府邸之外常设上马石和拴马桩。上马石是供人上下马用的，用汉白玉或青白石制成，分为上下两个台阶，对称布置在大门的两侧，规格高的上马石有锦纹雕饰。

拴马桩是用于拴马的，位于大门外靠近外墙处，石柱埋入地下，上部中心位置留有孔洞，石柱顶部常有装饰雕刻（图6-11）。

三、木雕

木雕是在木质构件上雕刻出花式的艺术，清代木雕工艺种类繁多，包括圆雕、线雕、隐雕、透雕、贴雕等。在北京四合院中，大门、垂花门、游廊是木雕使用的重点部位。

1. 大门

大门的木雕位于门簪、雀替、门联。

门簪位于大门的中槛，立面多呈六角形状，后部的长榫穿合中槛与联楹，有固定门扇上轴的作用。门簪正面为木雕，题材以花卉类为主，也有刻字的，如"平安"、"吉祥"等。门簪的数量依大门宽窄而定，通常有两个、四个、六个不等（图6-12）。

雀替又称托木，位于檐枋下，且与檐柱相连，具有减少枋的跨度和增加檐、垫、枋稳定性的功能。雀替呈直角三角形状，木雕图案以花草纹为主，常采用浅浮雕的工艺，风格典雅。

门联是大门门扇上的木雕，以如意门使用最多，通常用隐雕将对联文字刻在门芯板上，寓意美好生活。

图6-11　上马石与拴马桩—作者拍摄

图6-12a 门簪—作者拍摄

图6-12b 门簪（张振光摄影）

图6-12c 门簪—《北京民居》

2. 垂花门

垂花门木雕装饰的部位有三处：一是罩面枋下的花罩；二是罩面枋上的花板；三是罩面枋两端的垂莲柱。花罩常采用透雕，装饰题材以花草、锦纹居多，上着彩画，造型华丽。花板分格而置，多采用透空木雕，图案以花草为主。垂莲柱多为圆柱头，雕刻造型类似莲花瓣，上绘彩画，有圣洁吉祥的寓意（图6-13）。

图6-13a　垂花门—作者拍摄

图6-13b　垂花门木雕—《北京民居》

3．游廊

　　游廊木雕装饰的构件有倒挂楣子、花牙子、坐凳楣子。倒挂楣子位于廊柱之间的檐枋下部，由边框、花心组成，常见的图案有步步锦。花牙子位于倒挂楣子之下，形状类似于雀替，多为花草图案。坐凳楣子位于廊柱之间的坐凳下方，用木雕装饰，楣子之上为木板坐凳，可供人们休息（图6-14）。

图6-14a　游廊—《四合院情思》

图6-14b　游廊（李鹏鹏 摄影）

第二节 彩画、年画、剪纸

一、彩画

彩画是北京四合院重要的装饰艺术形式，一般绘制在房屋的梁、枋、檩等构件上，也有绘制在墙心中的，具有装饰与防腐的作用。清代的彩画有三种形式：第一是和玺彩画，仅限于皇家建筑中使用；第二是旋子彩画，多用于府邸或大户人家；第三是苏式彩画，使用上没有限制。此外，根据使用部位的不同，还有一些特殊类型的彩画。现将彩画的种类与绘制方法介绍如下。

1. 旋子彩画

旋子彩画多用在府邸之中，彩画色调以青绿两色为主，并饰沥粉贴金，风格厚重华丽。旋子彩画常绘制在梁、枋、檩等构件上，彩画构图为三段式：中段为枋心，绘制主题纹饰，如王府建筑可用"龙锦枋心"，一般府宅常用"一字枋心"；两端由箍头、找头（藻头）组成，箍头图案以折线为主，找头图案以旋子为主，图案共有八种固定格式，着色工艺有金琢墨石碾玉、烟琢墨石碾玉、金线大点金、墨线大点金、墨色小点金、雅五墨等（图6-15）。

2. 苏式彩画

苏式彩画源于江苏苏州一带，后传入京城，多在住宅与园林中使用。苏式彩画使用的部位及构图形式均与旋子彩画类似，但箍头部分檩、垫、枋连画，找头部分檩、垫、枋分画，中段的画心（包袱）又将檩、垫、枋连为一体绘制，画心题材有花卉、山水、人物故事等，并有包袱式、方心式、海墁式三种表现形式。由于苏式彩画没有使用上的限制，表现题材又接近日常生活（图7-11），深受京城百姓的喜爱（图6-16）。

3. 其他彩画

先说椽头彩画。椽子分为檐椽和飞椽，有承载屋檐重量的作用，由于椽头外露，多用彩画装饰。檐椽头呈圆形，常绘花卉、柿子，也有福寿字样。飞椽头呈方形，常绘"沥粉贴金万字"、"金井玉栏杆"等图案。

再说桁头彩画。桁头是梁头的俗称，外露的梁头常用彩画装饰，彩画图案有"作染四季花"、"作染博古"、"攒退活图案"等。

还有天花彩画。讲究的住宅室内设天花板，并用彩画装饰。天花板呈方形，彩画构图由外侧"大边"、内侧"方光"和中心的"圆光"组成。大边为方框形，多绘深绿色；方光外方内圆，多用浅绿色，并有花草纹样；圆光为圆形，绘有主题彩画，如云纹、花草、团鹤等。

4. 绘制手法与颜料

彩画绘制手法主要有退晕、间色、沥粉、贴金等。退晕是常用的手法，即将同一种颜色调至深浅不同，并按次序绘制装饰图案；间色为在彩画上交替使用不同的底色；沥粉是将粉子、胶调成膏状，用管形工具挤出粉线贴在地仗上，形成线条图案或画心的边框线；贴金是以金箔贴在彩画上，有沥粉上贴金的，也有成片贴金的。彩画所用的颜料以矿物质为主、植物质为辅，一般常用雄黄、石青、石绿、银朱、藤黄、胭脂及墨等。

5. 彩画施工过程

彩画的施工过程一般是先将构件表面打磨平整，用油灰嵌缝、打底，再包麻丝、抹油灰；然后将纸上画好的图案蒙在构件之上，用针扎孔；接着是打谱子，即用粉袋拍打画稿，并将画谱图案印在地仗上；再用沥粉挤在图案上，沥粉干硬后上色起晕，绘制步骤应先上后下、先绿后蓝，并注意刷色均匀；下一步是在沥粉线上涂胶、刷油，再贴上金箔；最后是勾出墨线、白线轮廓，并可再涂上一道光油。

图6-15　旋子彩画—《中国古代建筑历史图说》

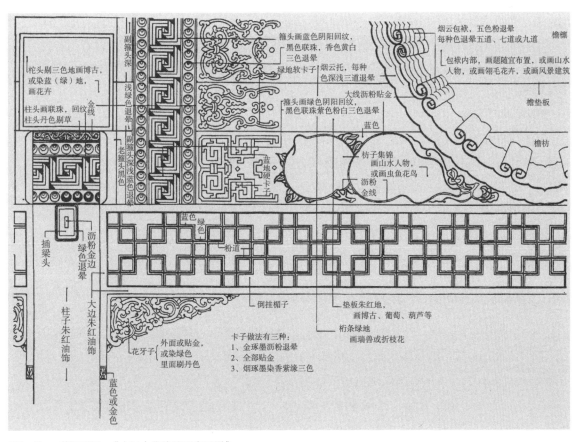

图6-16a　苏氏彩画—《中国古代建筑历史图说》

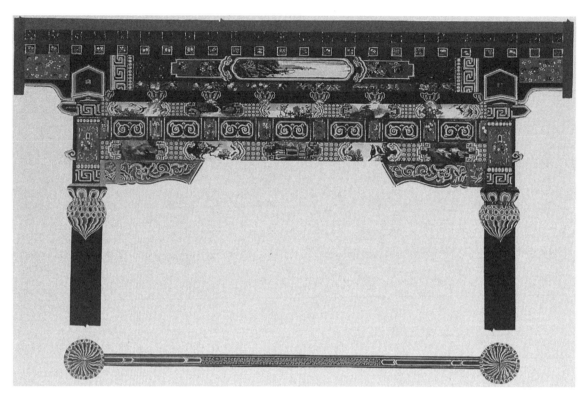

图6-16b　垂花门苏氏彩画—《北京四合院建筑》

二、年画

1．年画与习俗

　　年画是中国传统民间装饰艺术，从古代桃符演变而成，早期的年画与祈福、辟邪有关，画鸡于户、画虎于门是当时过年的习俗。汉唐时期，年画出现了人物，并有在皇宫使用的记载；两宋时期，年画蓬勃发展，据《东京梦华录》描述，汴京一带，每逢岁节，市井皆印卖年画，以求人寿年丰；明清时期，年画全国流行，并形成了天津杨柳青、苏州桃花坞、潍坊杨家埠三大创作生产基地，部分年画行销海外。

　　旧时在北京地区，贴年画的风俗也很盛行。京城岁末，大街小巷买年画的商贩很多，俗称"卫抹子"，所卖年画以天津、苏州等地居多，题材为历史故事、戏曲人物、吉祥图案等，老百姓买回年画在四合院内张贴，以祈新年平安

幸福。

2．年画的种类与位置

　　按装饰住宅的部位划分，年画可分为门画、中堂、横匹、条屏、炕围画、斗方、月光、窗画、历画九种[1]，它们画面的内容有所不同，装饰的位置也有所区别。

　　①门画

　　门画指贴于大门上的年画，绘制题材有人物、动物、故事等类型。人物类的有秦琼、尉迟恭、关公等，动物类的为鸡、虎等，故事类的有福禄寿三星、麒麟送子、刘海戏金蟾等（图6-17）。

　　②中堂

　　中堂指挂于住宅堂屋正面墙上的年画，尺幅为整开，装裱成立轴形式，两旁配对联，内容以福禄喜庆为主，如吹箫引凤等。

1. 刘世军主编. 中国民间美术. 西南交通大学出版社, 2010. 84-85.

图6-17a　门画—《四合院情思》

图6-17b　传统门画图案—《中国民间美术》

③ 横匹

横匹也称贡笺，为横幅式年画，多贴于正房、厢房的堂屋内。其内容丰富，生活风俗、戏文故事、山水花鸟等均能入画。

④ 条屏

条屏为竖长形的年画，有两条屏、四条屏、六条屏等。画面内容主题统一，如春夏秋冬、梅兰竹菊等。

⑤ 炕围画

炕围画是贴在炕墙侧面的年画，横幅式，内容多为花卉、故事、戏文等。

⑥ 斗方

斗方是指尺幅见方的年画，大者贴于影壁，小者贴于家居，内容多为福字或吉祥图案。

⑦ 月光

月光是贴在窗户两旁墙上的年画，画幅为长方形，画面多用圆形，内容有娃娃、美人、花卉等。

⑧ 窗画

窗画是贴在窗格上的年画，多为方形，内容有花卉、山水、故事等。

⑨ 历画

历画是印有时令节气的年画，尺寸较小，多贴于门旁，以便参考农时安排劳作。

3. 北京地区流行的年画

据史料记载，清时北京流行的年画以天津杨柳青年画为主，此外还有苏州桃花坞年画、潍坊杨家埠年画等，现简要介绍如下。

① 杨柳青年画

杨柳青年画是一种木板式年画，半印半画、风格独特。相传它产生在元末明初，清乾隆年间至清末最为盛行，盛时杨柳青有"家家会点染，户户善丹青"之美誉，是中国著名的年画之乡。杨柳青年画的题材以反映现实生活与民俗为主，最著名的是娃娃年画。所绘娃娃体态丰腴、活泼可爱，或手持莲花，或怀抱鲤鱼，寓意生活富足（图6-18）。

②桃花坞年画

桃花坞年画采用宋代雕版印刷工艺，由绣像图演变而来，至明代发展出独特的艺术风格。清代桃花坞年画进入盛期，并出现了模仿西洋铜版画的作品，其制作方法为木刻套版，一版一色，水印法印刷。年画主题多为阿福、人物故事、山水风景等。最反映桃花坞特色的年画为《一团和气》（图6-19）。

③杨家埠年画

杨家埠年画始于明代，清代为盛期，属木版年画，绘画风格以工细缜密、线条流畅、色彩艳丽见长，具有浓郁的乡土气息。年画主题有历史故事、娃娃美女、戏曲人物等，清末还引入了文人画的内容。

三、剪纸

剪纸又称刻纸，是一种以纸为加工对象，以剪刀或刻刀为工具进行创作的艺术。剪纸的历史渊源流长，早在唐代著名的诗人李商隐就有"镂金作胜传荆俗，剪彩为人起晋风"的名句。宋、明时期，剪纸艺术有了发展，除了作为日常装饰之外，还用于制作瓷器、印花布、纱灯罩的图案。到了清代，长期流传在民间的剪纸进入了宫廷。据史料记载："世祖福临喜民间剪画，丙戌开春（1646年春），令在安佑殿两廊，遍贴彩色剪纸画。"清末民初，京城百姓在端午、过年、办喜事时有用剪纸装饰建筑的风俗，现将相关内容介绍如下。

1. 剪纸装饰的部位

用剪纸装饰住宅的部位有大门、窗户、顶棚、梁架、门楣、炕台等。老北京人过春节有在大门上贴年画、贴剪纸的习俗，贴剪纸常贴门爷图案，有辟邪寓意。在窗格上贴剪纸叫贴窗花，窗花可一年一换，也可一季一换。贴在顶棚上的

图6-18　天津杨柳青年画—《中国民间美术》

图6-19　桃花坞年画—《中国民间美术》

剪纸叫顶棚花，题材有五福捧寿、凤戏牡丹等。贴在梁架与房屋门楣上的剪纸叫门笺，它可随风飘动，寓意有好彩头。炕台与灶台也可用剪纸装饰，贴在炕台上的叫炕围画，贴在灶台上的叫灶头画。总之，逢年过节老北京人喜爱用剪纸装饰建筑以营造宅内喜气祥和的氛围（图6-20）。

2. 北京地区剪纸的特色

北京地处华北，是中国六大剪纸地区之一，清代有"燕山巧剪遍舜州"之说。剪纸题材多来自戏曲人物，也有花草鱼虫、飞禽走兽等吉祥谐音的纹样，构图饱满，造型生动，其中以河北蔚县剪纸最具有代表性。

蔚县临近北京，清时以剪纸盛名。蔚县剪纸有"三分刀工七分染"之说，剪纸制作以阴刻为主，每次透刻多幅，以酒调色，点染渗透，具有极强的艺术感染力。所用题材讲究谐音，突出历史人物，以下为常见的主题。

① 室上大吉

鸡与吉谐音，传说公鸡是天帝派往人间负责降幅的鸟，古人称鸡有文、武、勇、仁、信五德。石与室谐音，寓意居所。剪纸采用公鸡在石头上唱晓的图案，寓意合家平安、事业有成。

② 六合同春

六合同春又名鹿鹤同春。鹿与六谐音，鹤与合谐音，鹿与鹤均为长寿的象征。此外，六合指天地四方，六合同春有普天下皆春之意。

③ 关公

关公原为三国时蜀国名将，因其忠义在民间备受推崇。京城百姓有在大门贴关公像的习俗，用意扬善除恶、纳财消灾。

图6-20a 剪纸贺新春—《北京胡同》民族版

图6-20b 窗花—《中国民间美术》

第三节　家具与陈设

一、家具

中国传统家具历史久远，至明清达到了鼎盛时期。明清家具用材考究，结构严谨，造型典雅，在世界家具史中享有极高的声誉。就北京地区而言，清代京式家具被誉为中国四大派别之一，它既延承了明代家具的风格，又吸收了各地家具的特色，还兼有皇家家具的气派，家具的种类分为床榻、坐具、桌案等，现介绍如下。

1. 床榻与炕

清代北京流行的床主要有两种：一种是架子床，另一种是罗汉床。架子床源于南方，是一种三面围合、一面留门、顶部加盖的传统木床形式，讲究的架子床用木雕装饰，床围有窗设门，做成屋中屋的艺术形式。罗汉床又称弥勒榻，床上有围栏，下做弥勒坐，尺度大的供

睡卧，尺度小的供靠坐，大者放在卧室，小者置于厅堂（图6-21）。

炕是我国北方地区广泛使用的卧具，据《清稗类钞》载："北方居民，室中皆有火炕"。旧时北京小康之家冬季用煤炉取暖，平民百姓用火炕取暖。炕位于套间内的窗边，用砖和土坯砌成，炕下砌一火炉，烟道分布在炕内，冬季可生火取暖，炕上供起居、睡卧（图6-22）。

2. 坐具

北京传统坐具包括宝座、圈椅、官帽椅、靠背椅、凳子五种典型形式。宝座仿宋榻做法，用料粗大，雕饰华丽，靠背、扶手做成花格或雕花围板；圈椅的造型是靠背与扶手为一体，呈U形状，靠背为弧形板，板上又雕刻；官帽椅的造型像古代官员的帽子，民间有南官帽子和北官帽子之分；靠背椅有带扶手与不带扶手两种，椅子靠背有雕花，也可镶嵌宝石；凳子的种类很多，有长凳、方凳、坐凳、圆凳、绣墩

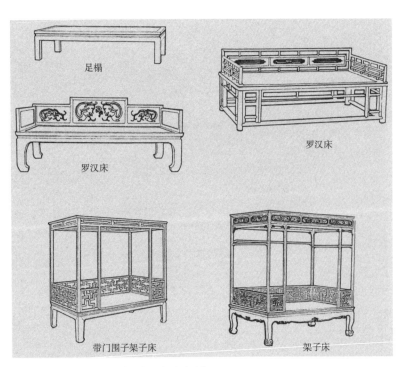

图6-21　床榻类家具—《北京四合院建筑》

图6-22　北方流行的炕—《东北民居》

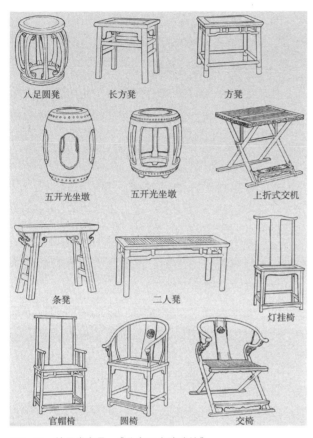

图6-23　椅凳类家具—《北京四合院建筑》

图6-24　桌案类家具—《北京四合院建筑》

等形式（图6-23）。

3. 桌案

桌案属同一类家具，常见的桌案有八仙桌、方桌、圆桌、翘头案、供案等。八仙桌是一种高腿式方桌，因桌面围板雕有八仙图案得名；长桌有高桌、棋牌桌、炕桌等，高桌、棋牌桌为普通方桌，炕桌是一种放在炕上的矮桌；圆桌以桌面圆形为特征，桌腿造型常呈弧形状；翘头案是一种类似于长桌的古老家具，案头两端上翘，有装饰案头；供案也称供桌，案头起翘，上放摆设供品（图6-24）。

4. 橱、柜、箱

橱是用于放日常用品的家具，橱面下安装抽屉暗柜，按使用方式分为闷户橱、书橱、碗橱。

柜也是储物用的，竖柜又称立柜，可放衣物。

此外，柜的种类还有多宝柜、书柜、博古架等。

箱是小型储物家具。规格较高的箱子是官皮箱，古时供官员出行、巡游之用，上置箱盖，放梳妆用具，下设双开门小柜，放旅行用品。箱的种类还有衣箱、百宝箱、扛箱等（图6-25）。

5. 屏、架

清代北京较为流行的家具还有屏风、架子。屏风是房屋内用于挡风的一种家具，古时有"屏其风也"的说法。屏风按构造式样可分为三扇式、五扇式、山字式等，按装饰材料可分为云屏、画屏、锦屏、玉屏、石屏、镜屏等。屏风最初多被官贵人家使用，近代流入民间。

架子是一种古老的挂类家具，有挂衣服的衣架、挂毛巾的巾架、放脸盆的盆架、放火盆的火盆架、挂宫灯的灯架等。架子常用雕刻装

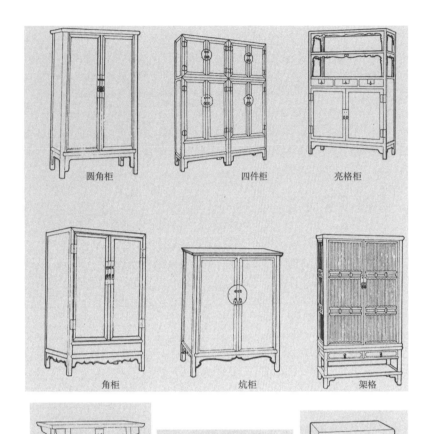

图6-25　橱、柜、箱家具—《北京四合院建筑》

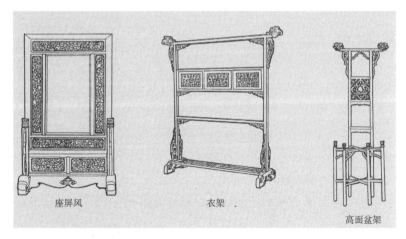

图6-26　屏架类家具—《北京四合院建筑》

饰，造型古朴美观（图6-26）。

二、家具的摆放与陈设

老北京人对家具的摆放有一定之规，通常的做法是按房间的性质摆放相应的家具及陈设用品，现简要介绍如下。

1. 堂屋

堂屋位于正房的明间，具有起居、会客、礼仪等功能。堂屋通常坐北朝南，正北靠墙处放翘头案，案前为八仙桌，桌子两侧放太师椅。堂屋东西两侧为隔断，隔断边设置靠背椅和茶几。屋内顶棚挂宫灯，且对称布置。

陈设布置也讲究规矩。正北墙面上挂中堂画，并配匾额条幅。翘头案上置鼎、香炉、玉器类，两旁布置一对高几，高几上放大型瓷瓶。堂屋陈设风格厚重，具有仪式感（图6-27）。

2. 居室

居室位于正房、厢房的套间，炕的位置靠窗，用床则靠墙，主要家具有柜、橱、架等，亦靠墙边布置。另外屋室与堂室之间一般设有隔断墙。

居室的陈设结合多宝柜、化妆台布置，常用的物品有陶瓷、玉器、古玩、字画、刺绣等（图6-28）。

3. 书房、客房、门房

书房位于耳房，窗台下布置书桌，并配方椅、圈椅，书柜、书架沿墙布置，根据主人的爱好还可放画案、琴几、棋牌桌。

客房位于倒座，外屋用于会客，里屋用作卧室，常用的家具有桌、椅、柜、床、炕等。

旧时大户人家宅院设有门房，多位于大门西侧一间内，使用的家具较为简单，有桌、椅、床等（图6-29）。

三、"京味"工艺品陈设

北京传统工艺品历史悠久，工艺上乘。尤

其在元、明、清三代，全国各地名师巧匠云集北京，使北京传统工艺品达到了极高的艺术水平。旧时北京人喜爱用"京味"工艺品装饰房间，现将部分品种介绍如下。

1．地毯

地毯是用羊毛编织的工艺品，元、明、清时期属宫廷专用品。清咸丰年间，朝廷开禁，北京地毯流入民间；民国初年，北京设地毯商行会，负责协调相关事项。地毯防潮御寒，用于铺设地面，京毯以品质优良、式样美观声扬海外，图案有福寿字、花草、龙纹、博古以及琴、棋、书、画等（图6-30）。

2．宫灯

宫灯是一种挂灯，制作方式为先用紫檀、花梨、红木等贵重木材做骨架，再用刻有图案的玻璃或纱绢画屏拼装而成。现存最早宫灯是故宫博物院收藏的明代制品，清代前门外廊房头条有文盛斋等十余家灯笼铺，民国初年文盛斋的灯笼曾在巴拿马万国博览会上获得金牌。按北京的习俗，每逢节日宅内张灯结彩，宫灯、纱灯为节日增添了喜庆的气氛。此外，宫灯还是堂屋的重要装饰用品（图6-31）。

3．景泰蓝

景泰蓝是北京著名传统工艺品，相传流行

图6-27　堂屋家具陈设—《北京四合院建筑》

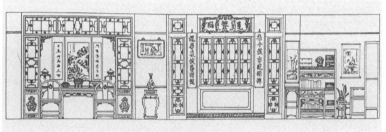

图6-28　居室家具陈设—《北京四合院建筑》

图6-29　书房家具陈设—《北京四合院建筑》

图6-30　北京宫毯—《民间瑰宝耀
京华》　图6-31　北京宫灯—《民间瑰宝耀京华》

于明景泰年间，清代盛行。其制作方法是在铜胎上用铜丝焊出图案，图案内点蓝、镀金、釉色，作品多仿青铜器和瓷瓶，也可装饰围屏、桌椅等家具和日用品。清代北京宫廷、民间都有专制景泰蓝的作坊，为京城百姓喜闻乐见的工艺品（图6-32）。

4．内画壶

内画壶是鼻烟壶的一种，相传源于清道光年间，制作方法为用竹签顶部削尖成弯勾状，也有绑上狼毫的，伸入鼻烟壶内作画。民间艺人在方寸之间可绘出人物、山水、花鸟画，老北京人将之随身而带，或用于室内装饰（图6-33）。

5．雕漆、玉器、刻瓷

雕漆、玉器、刻瓷均为室内的陈设品。雕漆唐已有之，清代北京流行，多以木胎为料，大至屏风、家具，小至鼻烟壶都可用雕漆制成。玉器属贵重的室内装饰品，造型多样，亦可做成雕塑状，民国年间前门、崇文门、花市一带玉器作坊林立，富贵人家喜爱收藏。刻瓷是一种在瓷器上刻制图案的艺术，清代北京有专门刻瓷的学堂，培养了一批刻瓷艺人。刻瓷的载体有瓷瓶、瓷罐、瓷盘等，上錾刻出诗文、山水、花鸟等图案（图6-34）。

6．其他

与住宅相关的北京传统工艺品还有金漆镶嵌、绢花、脸谱、鬃人、面塑、彩蛋、料器、兔爷、布老虎等，这些艺术品为人们的居家生活增添了亮丽的色彩（图6-35）。

图6-32　北京仿古瓷瓶一《民间瑰宝耀京华》

图6-33　内画壶—《民间瑰宝耀京华》

图6-34a　雕、漆、玉器、
刻瓷—《民间瑰宝耀京华》

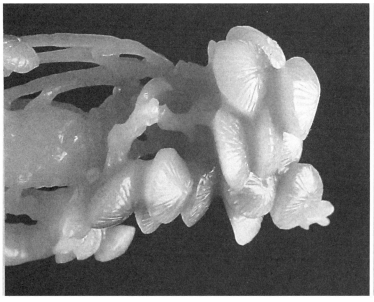

图6-34b　雕、漆、玉器、刻瓷—《民间瑰宝耀京华》

图6-35a　北京传统工艺品—《民间瑰宝耀京华》

图6-35b 北京传统工艺品—《民间瑰宝耀京华》

第七章

北京四合院文化

第一节　住宅的文化释义

一、崇儒重礼，尊卑有序

中国传统家庭制度与宗法血缘关系，在西周时演化成为一套完整的社会礼仪，即周礼。周礼的核心内容是强调"尊卑有序"的等级关系，并对中国封建社会各个方面产生了深刻的影响。从文化的角度审视，北京四合院可视为"礼"制的载体，具体表现如下。

1. 住宅等级森严

在中国封建社会中，较大的朝代对居住形制都有相关的规定，住宅的格局与户主的身份密切相关。以明代为例，房屋的规制是按亲王、公侯、品官、百姓四个等级来规定的。

据史料记载[1]：亲王府布局为三路多进，主路三殿三宫，正殿为歇山式屋顶；公侯宅第前厅、中堂、后堂各七间，大门三间；一至五品官邸厅、堂各七间，六至九品官邸厅、堂各三间；平民住宅正房不得超过三间。倘若逾制，将受到处罚。

2. 空间主次分明

现以标准的三进四合院为例。

布局方面：住宅以中轴线引领，对称布局，形态方整，体现了严整的秩序。

院落方面：内院供主人居住，外院供仆人居住。院落空间内外有别，递进有序（图7-1）。

建筑方面：正房尺度为大，东厢房次之，西厢房、倒座、后罩房等再次之，且建筑间架结构也有区别，反映了等级关系。

屋顶方面：悬山、硬山多用于正房、厢房，卷棚用于耳房，平顶用于厕所或贮藏室，以示房屋的主次。

其他方面：住宅在台明高度、砖雕饰品等方面也按具体位置有所差异。

1. 曹子西. 北京通史·第六卷. 北京社会科学院.

通过以上分析可以看出，北京四合院在空间布局上严格遵守着"礼"仪的标准。

3. 居住伦常有序

家庭是以婚姻和血缘结合的人类基本生活组织。与当代核心式家庭不同，中国传统家庭结构是一种扩大式的家庭结构，以三代同堂为主。现将中国传统家庭伦常与四合院住宅使用方式对照如下：

家庭伦常与住宅使用方式对照表

制度	传统家庭制度	北京四合院住宅使用方式
嫡长子制	兄弟姐妹中嫡长子的地位最高，他有权继承爵位、官位及主要的家产。	长子居于东厢房，按左为上的习俗，东厢房空间尺度比西厢房略大，其地位仅次于正房
男尊女卑	妇女处于一种不平等的附庸地位	妇女不具有房屋的产权。女人出嫁后到男方家居住。一般妇女不上桌面进餐
父权统治	家长把握治家的权利。如果三代之家，祖父的权利至高无上	年长的男子（父亲或祖父等）住在宅内等级最高的正房。居家财产实质上是父权财产
内外有别	家庭成员既要遵守社会行为规范，又要遵守家庭行为规范，家庭内部是一个核心	家庭成员居住于内院，仆人、客人居住在外院
孝道为本	孝是家庭中心主义的核心，这种孝既表现在对家长的尊敬，又表现在对祖上的崇拜	家庙或祖上的牌位在住宅中占有重要的地位。晚辈对长辈要遵守一系列的清规戒律

通过以上比较得出结论：北京四合院是中国传统家庭制度的物化表现，它体现了一种严格的等级关系。进一步引申，它还象征着潜在的社会伦常与人际秩序，即儒家崇尚的礼。

二、天人合一，崇尚自然

1. 天象与住宅方位

中国传统哲学认为：天、地、人是一个密切相关的存在体，人们的居住环境必须符合大自然的规律，即天人合一。古代住在北半球的中原人所观察到的天体是这样的，北极星居中，北斗星环绕，斗柄变化则四季变化。正如周代典籍所载：斗柄东指，天下皆春；斗柄南指，

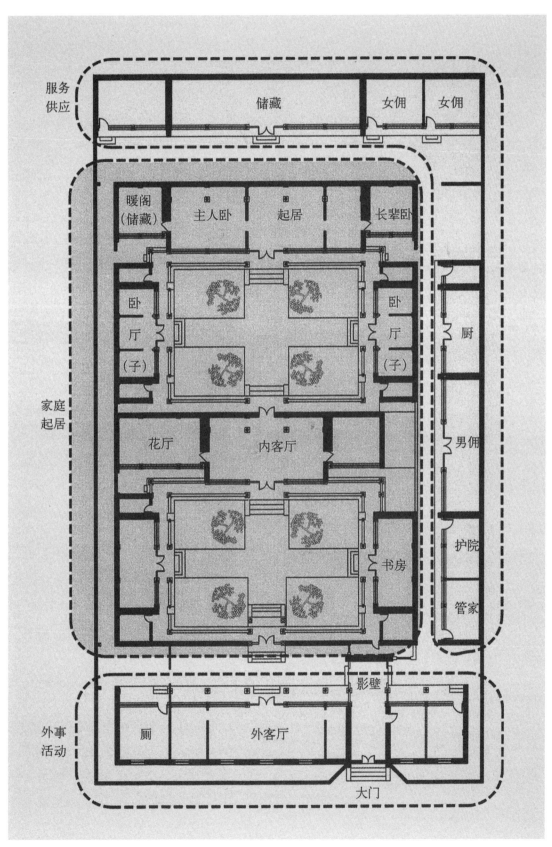

图7-1　四合院内外空间划分—《北京民居》

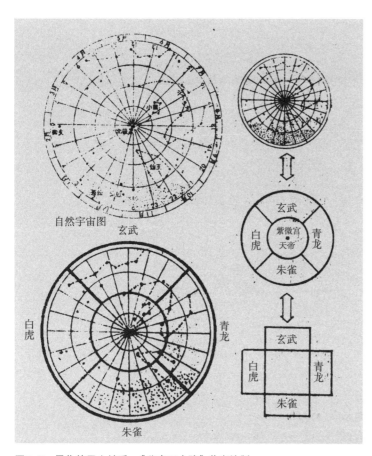

图7-2　居住的天人关系—《北京四合院》作者绘制

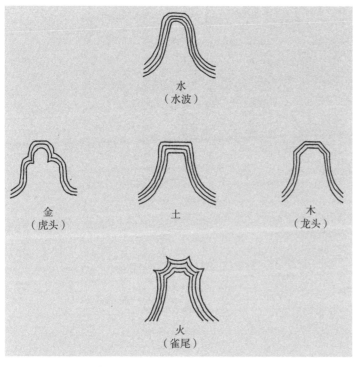

图7-3　五星形体—《图说北京四合院》

天下皆夏；斗柄西指，天下皆秋；斗柄北指，天下皆冬。人们把这种特有的天象与农作物生长规律相联系，并形成了一套概念：东—春—生发万物；南—夏—长养万物；西—秋—收成万物；北—冬—蓄积万物。与此同时，人们还把天体分为二十八个星宿，每七个星宿为一方，分属东、西、南、北，用青龙、白虎、朱雀、玄武相守（图7-2）。

接下来让我们看看北京四合院是如何传达这种信息的。按风水术相宅方法，建四合院首先应定门位，以常见的东南角大门的巽宅为例，风水师用口诀"巽天五六祸生绝延"定出住宅南（天）、西南（五）、西（六）、西北（祸）、北（生）、东北（绝）、东（延）其他七个方位，每个方位用星相占卜，如正北的"生"代表生气贪狼，贪狼是北斗第一星，主祸福，属木，吉位，宜建高大的正房。相关内容后面将详细阐述（图7-3）。

此外，居住方位也应与天象相符。如长子居住在东厢房，象征着朝气与家庭繁衍，西耳房多为库房，寓意着万物丰收。

2. 隐逸文化的反映

毫无疑问，北京四合院的主体特征属于理性主义的范畴。另一方面，对自然的引入却有着浪漫主义的色彩。这种理性与浪漫的交织诠释了仕与隐的内涵。

隐是一种文化，与儒墨显学所倡导的当官入世、积极进取的人生观相悖，它所主张的是老庄无为思想和回归自然的生活态度。隐逸文化的产生大致可以划分为两个阶段。第一阶段为魏晋南北朝。当时由于大族门阀争夺权力、王朝不断更迭、导致社会各种矛盾异常激化。面对这种现实，社会的中下层出现了一种普遍的倾向，对丁现世生活、特别是政治斗争采取退避性的态度，提倡人们回归大自然，史学家称之为政治性隐逸。中国私家园林的出现，与这一时期的历史背景是分不开的。

第二阶段社会性的隐逸起于宋代。随着科举取士制度日益完善，大批出身低下的士大夫有机会进入社会的上层。但由于他们"常常由野而朝，由农而仕，由地方而京城，由乡村而城市。这样，丘山溪壑、野店村居倒成了他们的荣华富贵、楼台亭阁的一种心理需要的补充和替换，一种感情的回忆和追求……"（李泽厚语）其结果造成了山水画和私家园林的再次复兴。这种现象一直延续到明清。

那么，隐逸文化又是如何在北京四合院中得到反馈呢？一般来说，四合院的空间可以分为偏人工的和偏自然的。人工空间指纯起居部分，它的诸多特征喻示着人们入世进取的生活态度，其建筑哲学受儒家思想左右。另一部分则是自然空间，体现着以老庄思想作为主体的隐逸文化之内涵。如富者的住宅自然空间相对独立，这就是私家园林，营造中住户不惜财力，以土石堆山、挖池塘引水、并采用藏露、因借、隔景、曲折、虚实、小中见大等园林建筑的手法去追求大自然的意境。普通人家的宅院，人们多采用叠置几块山石、种植几株花木的方式，寻求住宅与自然环境相互融合的效果。

总而言之，人们在居住中着意摹仿大自然的目的在于隐逸，在于喧闹的市居中获得野居的体验，在于心理上寻求一个出世与入世的最佳平衡点。

第二节　北京四合院风水术

一、概述

对中国传统居住建筑产生最为深刻影响的方面莫过于风水。风水古称堪舆。汉代许慎《说文解字》曰："堪，天道；舆，地道。"明代乔项《风水辩》说："所谓风者，取其山势之藏纳，土色之坚厚，不冲冒四面之风与无所谓地风者也。所谓水者，取其地势之高燥，无使水近夫亲肤而已；若水势屈曲而环向之，又其第二义也。"清代《大清会典》云："凡相度风水，遇大工营建，钦天监委官，相阴阳，定方向，诹吉兴工，典至重也。"

扼要地说，风水是探讨、解释自然现象与规律和人类生存空间关系的一门古代实用学术，是中国传统哲学、宗教、原始科学及巫术礼仪等各方面的整合。

与此同时，明清北京四合院也与风水紧密联系。通常来说，传统北京四合院设计具有两方面的内容：

其一，是住宅的风水设计，包括择地、定方位、确定和调整各房相互关系等（图7-4）。

其二，是住宅的本体设计，包括建筑的造型、院落的格局、房屋的结构与构造等方面内容。

论其特征，前者有创造性的内涵，后者为程式化的设计。承担前者的主要是风水先生，承担后者的是民间匠人（图7-5）。

那么北京四合院的风水设计又是如何进行的呢？为此我们查阅了大量资料，并采访了北京及华北地区的一些风水先生，对北京四合院风水设计的过程有了初步的了解，现综述如下。

二、择地

北京四合院的择地，基本上属于风水术中的形法范畴。《阳宅十书》中的"宅外形第一"说："凡宅左有流水，谓之青龙。右有长道，谓之白虎。前有塘池，谓之朱雀。后有丘陵，谓之玄武，为最贵地。"但是，符合上述条件的最贵地极为特殊。因此，民间风水师又对各种宅地外形进行分类，归纳出具有普遍意义的若干

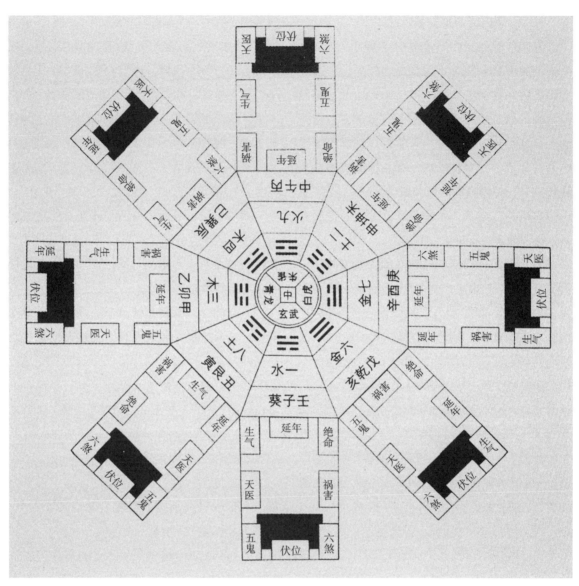

图7-4 大游年法相宅法图示—《图说北京四合院》

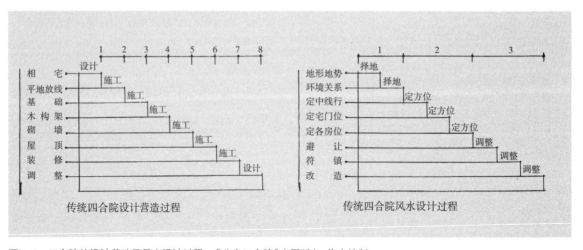

图7-5 四合院的设计营造及风水设计过程—《北京四合院》(原版) 作者绘制

类型，以判别宅地的吉否。

大体上，北京地区视长方形的宅地为最吉之地，东北或东南方缺角的矩形以及正方形等都属于吉祥的宅地。相反，南短北长的梯字形、不规则的曲尺形等都被视为不吉。除了考察宅地的形状以外，风水先生还要对住宅周围的环境进行评判。评判的标准多种多样，例如：宅地面迎或背对大道不吉，树木背离宅院不吉，周围房屋过高不吉，毗邻寺庙或井居宅中等也都不是好的宅地（图7-6）。

固然，不利的宅地可以调整，但这毕竟属于下策。《阳宅十书》"宅外形第一"说："若大形不善，总内形得法，终不全吉……"因而人们都尽量购置一块较好的宅地建房。

三、定方位

北京四合院方位的确定，属于风水术中的

理法范畴。一般是以罗盘校方位，用八卦定出各房的朝向、位置和规模。

具体地说，第一步是确定院落的方位。首先，用罗盘对准正南，校正偏正角（向东偏7°左右），然后找出与校正后的方向相平行的中线行，即宅院的中轴线，将来其他各房的营建均以此为准。

第二步是确定宅院大门的方位。大门的方位不同，各房的关系也有所变化，这一点下面还将讨论。现以较为流行的东南向大门为例：在八卦中，东南向属于巽位，《易经》中巽有入的涵义，故由此处入宅，顺其自然。大门方位确定之后，应本着"吉位高大多富贵"的原则，定出各主要房间的位置与规模。倘若巽位为门，按风水师的口诀："巽天五六祸生绝延"对照八卦顺时针旋转，则正南的离位（天）、正北的坎位（生）、正东的震位（延）均属于吉位，在

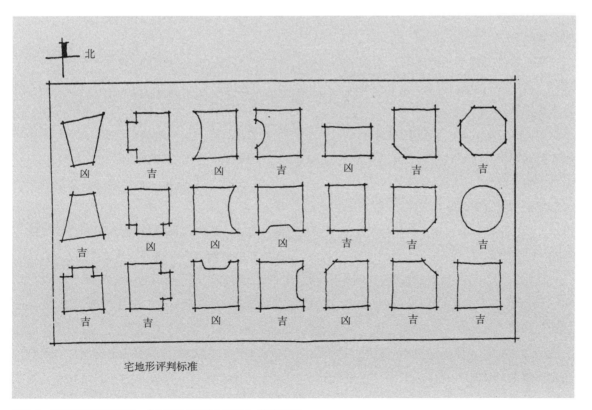

宅地形评判标准

图7-6　宅邸形状评判标准—《北京四合院》（原版）　作者绘制

此宜建高大的房屋。如在南部建倒座，北部建正房，东部建厢房。正西的兑位（六）虽属不吉，为保持宅院的对称关系，一般也建造高大房屋——西厢房，但它的高度及宽度都比东厢房略矮小。而其他的方位——西南坤位（五）、西北乾位（祸）、东北艮位（绝）等，只能建较小的房屋；西南部的坤位，民间中视之为脏位，放厕所为宜；厨房放在东北或东南部，阴阳五行说的东部属金，金需火炼（图7-7）。

第三步是确定各房门的位置、门窗、家具等。住宅中各房的房门不可正对，否则"口吃口"不吉。门窗大小及家具的尺寸用门光尺结合户主的生辰八字定出。风水师所用的门光尺的长度是1.44市尺，全尺分为八等份，每份再划分五格，每份、每格象征不一，吉者用红字，不吉用黑字。此外，住宅多采用东向排水，民间中有"东青龙喜水"的说法，这一点在北京东城一些胡同的命名中也可看到。

四、调整

住宅及各房关系一经定好，如果还存在着缺陷，就必须借助于调整。北京四合院的调整方法有以下三种：

其一，是避让法。常用的避让包括大门不对道路要冲，房门不对兽头，不对不利的方向，不对烟囱、屋角，设影壁避风等措施。

其二，是改造法。常用的改造有调整宅院排水方向，平整坑地，重新确定住宅中的井位，增加房屋屋顶的高度等。

其三，是符镇法。最普遍的符镇是立石敢当[1]，一般在宅院正对道路要冲处或倒座和后罩房的外部屋角处立此石。其他方面，如果宅院前面的建筑过高、住宅面对不吉之物，则多在宅内房屋的外墙上放一面镜子，意在把邪气反射出去，还可在大门、房门上贴门神图。

1. 石敢当是一种辟邪石，呈方柱状，上常写"泰山石敢当。

五、余论

上文阐述了北京四合院风水设计的过程，下面对这种设计方法补充说明。

一般认为，北京四合院的风水源头在河北省正定地区，经实地考察，我们发现两地的卜宅方法大致相同。按这种风水理论，四合院的大门可放在任何位置。只有大门的方位确定之后，方可按特殊的口诀确定其他建筑。

那么，为什么北京四合院的大门普遍位于东南的巽位？原因主要是民间中有"宅门在东南，建宅实不难"之说，大意为东南角入门的宅院，是一种最为稳妥的住宅布局方式，即使不请风水先生也可以建宅。因此巽位立门在北京、正定乃至华北地区都普遍存在，并形成了一种固定化的理想宅院布局模式（图7-8）。

第三节　北京四合院民俗

一、搭凉棚

北京的夏季天气炎热，院中搭起凉棚，院内就成为极好的消夏避暑的场所。

凉棚构造并不复杂，所用材料主要有杉槁、竹竿、芦席、麻绳等。杉槁做立柱、帮柱（斜撑）、横梁。竹竿支横架，上铺芦席。凉棚顶部的芦席是一种活动装置，它类似卷窗，可随太阳出没用麻绳将席子摊平、卷起（图7-9）。

凉棚的款式分为两种：普通凉棚装饰简单，棚顶梁头安有四个"桅光"（圆形木牌），桅光做红色，上写黑字"吉星高照"、"富贵平安"，以取吉庆；讲究的凉棚都安有挂檐，可看到的梁头都染成红色，凉棚东南、西北角上部还安有"对档"（席制屏门），以示棚外有楼。

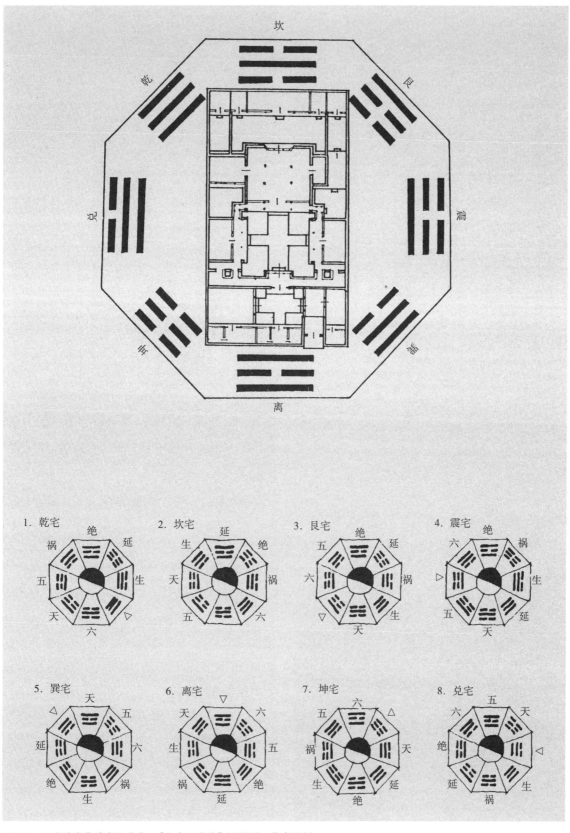

图7-7　四合院方位确定及分类—《北京四合院》(原版)　作者绘制

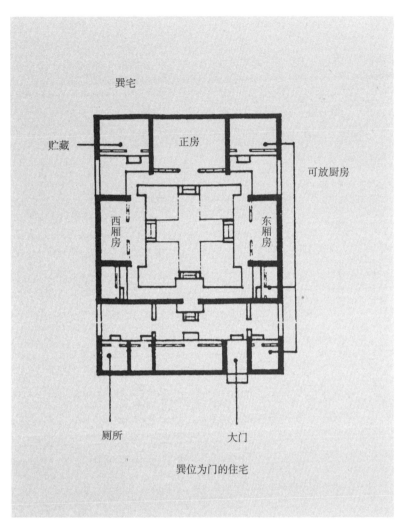

图7-8　巽位为门的住宅—《北京四合院》（原版）作者绘制

图7-9b　凉棚—作者拍摄

图7-9c　凉棚—作者拍摄

图7-9a　近代的凉棚—作者拍摄

旧时北京有专门搭棚的行当，称"棚铺"。据《天咫偶闻》云："京师有三种手艺为外方无。"其中所说的第一种手艺就是搭棚。棚铺所搭凉棚有新席、旧席之分，全部使用新的价格较贵，翌年再用的旧席，俗称"二水席"，价格比新席较为便宜。

二、种花养鱼

每当初夏之际，京城古宅散发着阵阵馨香，使人感到十分惬意。北京人爱种花木，而且还很讲究。海棠与丁香是普遍受人欢迎的品种，据说"棠棣之花"象征兄弟和睦，而丁香淡雅的色彩和清爽的芳香会给人带来无限的温馨。此外枣树、石榴、夹竹桃、刺梅、葡萄等也是人们普遍喜爱的花木（图7-10）。

说起北京人宅内养鱼，人们最喜欢养的是金鱼，这不仅是由于金鱼品种多、观赏性好，更主要的是金鱼抗寒，适应性强，容易饲养。夏天人们用缸把金鱼放在院内，冬天又把鱼缸摆进居室。北京人曾用"天棚、鱼缸、石榴树"形容小康之家的生活。

三、喜庆节日

春节是一年中最重要的节日，北京人每逢腊月二十日起就开始打扫房屋。腊月二十三按习惯把贴在灶前的旧"灶马"（灶王像）取下，再换上新的。接着就是挂春联，大门、二门、房门等都要贴上春联。除夕之夜，合家团坐，共同守夜，各家宅门通宵敞开。

北京人对过生日很重视。大户人家每逢家人过正生日（逢十倍数）常请戏班来宅内唱戏。较大的王府有永久性戏楼，一般人家多在厅堂或垂花门前的内院观看演出。

结婚也是桩大事，北京人时兴结婚时在住宅内搭喜棚。喜棚的用料和搭法与凉棚相似，但喜棚四周安置门窗，用于请客、摆筵席，外表类似临时性的房屋（图7-11）。

四、叫卖响器

北京四合院的魅力还包括胡同里小贩的响器，老北京人往往可以根据响器声分辨出是卖什么的、干什么的。卖酸梅汤、冰镇果子干、冰糖葫芦的敲打着冰盏，卖烧饼、油条果子的敲打梆子，卖针头线脑的敲拨浪鼓，磨剪子的吹喇叭，行医者用郎中铃，剃头师傅用铁琴，再加上各行各业的独特叫卖声，形成了一部胡同交响乐（图7-12）。

图7-10　四合院内种花—《北京四合院建筑》

五、北京四合院之韵

老北京们谈起四合院总是如数家珍。当今北京城高楼林立，煤气、暖气甚至空调在平常人家都已经不是什么稀罕物了，但许多人仍留恋着四合院的生活，这或许可称之为北京人的怀旧情结。

的确，北京四合院以其浓郁的俗韵让人难以忘怀，请看一位民俗学家对北京四合院一段动人的描述吧（图7-13）：[1]

"古老的四合院，房后面的老槐树的枝桠残叶狼藉之后，冬来临了。趁早把窗户重新糊严实，把炉子装起来，把棉门帘子挂上，准备过冬了……天再一冷，炉子生起来，大太阳照着窗户，座在炉子上的水壶卟卟地冒着热气，望着玻璃窗外舒敞的院子，那样明洁，檐前麻雀咋咋地叫着，听着胡同中远远传来的叫卖

1. 选摘自：邓云乡. 北京四合院. 人民日报出版社，1990.

图7-11a 报新春—《北京胡同》五洲版

图7-11b 贴春联—《北京胡同》民族版

声……这一小幅北京四合院的冬景，它所给你的温馨，是没有任何东西可以代替的。

北京的春天多风，但上午的天气总是好的。暖日暄晴，春云浮荡，站在小小的四合院中，背抄着手，仰头眺望鸽子起盘，飞到东、看到东，飞到南、看到南……鸽群绕着四合院上空飞，一派葫芦声在晴空中响着，主人悠闲地四处看着，这是四合院春风中的一首散文诗。

四合院消暑的方法是什么呢？简言之，就是冷布糊窗、竹帘映日、冰桶生凉、天棚荫屋，再加上冰盏声声，蝉鸣阵阵，午梦初日，闲情似水，这便是一首夏之歌了。

秋之四合院，如从风俗故事上摄取镜头，那七月十五似水的凉夜间，打着绰约的莲花灯的小姑娘，轻盈地在庭院中跳来跳去，唱着歌：‘莲花灯、莲花灯，今日点了明日扔……’月饼、瓜果、红烛高烧、焚香拜月，那就又是一种风光了。”

图7-11c　过年—《北京胡同》民族版

图7-11d　贺佳节—《北京胡同》五洲版

图7-11e 迎国庆—《北京胡同》五洲版

图7-11f 赶庙会—《北京胡同》民族版

图7-11g　结婚—《北京胡同》民族版

图7-12a　补锅—《北京胡同》五洲版

图7-12b　修鞋—《北京胡同》五洲版

图7-12c　修车—《北京胡同》五洲版

图7-12d　卖蝈蝈—《北京胡同》五洲版

图7-12e　烤白薯—《北京胡同》五洲版

图7-12f　磨剪子—《北京胡同》民族版

图7-12g　送煤—《北京胡同》民族版

图7-12h　剃头—《北京胡同》民族版

图7-12i 冰糖葫芦—《北京胡同》民族版

图7-12j 卖茶汤—《北京胡同》民族版

图7-12k　拉洋片—《北京胡同》五洲版

图7-12l　胡同游—《北京胡同》五洲版

图7-13a　四合院的冬天—《北京胡同四合院—老北京传统民居集萃》

图7-13b　四合院的春天—作者拍摄

图7-13c　四合院的夏天—作者拍摄

图7-13d　四合院的秋天—《北京胡同四合院—老北京传统民居集萃》

第八章

当代北京四合院调查

第一节　20世纪80年代北京四合院状况

一、北京四合院的总体情况

如前所述，20世纪80年代起，北京开展了旧城改造工作。从历史的角度审视，旧城改造是时代发展的客观要求，关键是如何处理好"保护"与"发展"的关系。由于种种原因，北京旧城在迈向现代化进程的同时，也失去了大批的胡同、四合院。请看一组来自20世纪80年代的调查报告[1]。

报告一：20世纪50年代初期，北京旧城有1760万m²的旧房，其中绝大多数是四合院住宅。

1985年12月底房屋普查统计数字表明：旧城已拆除旧房534万m²，仍有平房面积为1712万m²，包括800万m²左右的四合院住宅，与50年代初期北京平房面积大体相同。应该指出，所增平房基本上是在四合院内加建的临时性房屋。

报告二：根据航测调查，北京旧城保存较好的四合院共有805处（不包括已被公布的国家级和市级文物保护单位），用地约115hm²。其中外城有96处，用地约9hm²；内城有709处，用地约106hm²。这些四合院多集中在南锣鼓巷、西四北三条至八条，以及景山、东四、丰盛办事处所辖范围，符合昔日北京"东富、西贵"的住宅分布历史事实（表8-1）。

1. 数据来自20世纪80年代末至90年代初《建筑学报》《北京城市规划》等刊物.

20世纪80年代航测北京旧城四合院情况　　　　　　　　　　表8-1

航测调查北京旧城四合院情况表

旧城好四合院统计表（居住和非居住建筑）用地单位：公顷										
使用性质 数量及百分比 地区 类别		居住			非居住			合计		
		处数	用地	百分比	处数	用地	百分比	处数	用地	百分比
内城	I	228	41.96	52	67	12.67	52	295	54.63	52
	II	261	30.80	38	59	10.60	43	320	41.40	39
	III	80	8.56	10	14	1.31	5	94	9.87	9
小计		569	81.32	100	140	24.58	100	709	105.90	100
外城	I	8	0.84	16	15	1.58	40	23	2.41	26
	II	31	3.11	60	18	1.71	44	49	4.82	53
	III	18	1.27	24	6	0.63	16	24	1.90	22
小计		57	5.22	100	39	3.92	100	96	9.13	100
旧城	I	236	12.80	50	82	14.25	50	318	57.04	50
	II	292	33.91	39	77	12.31	43	369	46.22	40
	III	98	9.83	11	20	1.94	7	118	11.77	10
总计		626	86.54	100	179	28.50	100	805	115.03	100
三级好四合院解译标志（1/2000彩色航空片）										
标志 级别	四合院布局	屋顶颜色	屋顶跨度	屋顶高度	屋顶特征	四合院特征				
一	布局完整，有正房、耳房、南房、东西厢房、倒座房、垂花门、过厅、门洞，为多进四合院	深灰色	跨度较大10~12m	房屋的阴影较宽，房屋高大	屋顶没有修补的痕迹，正脊两侧的屋面明暗分明，有一条明显的阴影	院落较大、院内干净、整齐，方砖铺地，树较多，绿化较好，无自搭房，有的院内有烟囱，即有锅炉房				
二	布局基本完整，规模比一级小，一般为二进院或一进院（或多进院，但房屋质量较差），廊子垂花门已有损坏	灰色	跨度在8~10m	房屋的阴影比一级窄，房屋较高	屋顶有少量的修补痕迹，正脊线较清晰	院落较整齐、干净，有树，绿化较好，有的院内有自搭房				
三	布局基本完整，有些房屋已翻修，房屋质量以前较好，现已多年失修	颜色较浅	跨度一般6~8m	房屋的阴影较窄	屋顶有修补的痕迹，有些已挑顶，有正脊线，但没有一条明显的阴影	院落较清楚，规模比较小，一般院内有自搭房				

报告三：据1983年北京市房管局统计，北京旧城内破旧危房共有29片，大约半数集中在旧城沿线和坛根一带，占地约435hm²，建筑面积达190万m²（表8-2）。

报告四：有关资料显示，20世纪80年代中期北京旧城范围内已建和将建的高层建筑有200余幢，总面积为247万m²，这些数字还不包括为数更多的五、六层建筑，能够保存较为完整的传统的四合院居住区已经所剩无几。

报告五：违章建筑有进一步扩大的趋势。仅以东城区为例，从1978年到1986年的8年中，重要地段内发现违章建筑1527处，建筑面积高达72894m²，其中不少建在传统四合院居住区内，并以平均每年3187m²的速度递增。

报告六：粗略估算，20世纪50年代初期以来，平均每年拆毁的四合院总量达10余万m²，以80年代后所拆毁的四合院为多。如此下去，数十年以后，成片的四合院将从古都大地上消失。

二、北京四合院的微观状况

如果说北京四合院的总体状况不容乐观，那么，其微观居住环境所面临的问题则更为严重。

首先，是居住的拥挤问题。

明清北京四合院是以独户使用作为前提的。时至今日，相同的宅院绝大多数是由数家、十几家甚至几十家共用。这里仅举几例：菊儿胡同41号院拥有22户，共79人，人均建筑面积7.8m²；烟袋斜街37号，现共居住22户居民，整个街区人均使用面积不足5m²；德内大街265号原为清末内务府大臣的住宅，现为广播电影电视部及其所属单位职工住宅，院内人口过多，人们只有利用宅院空地加盖简易房屋。有关专家对东直门内，官园

20世纪80年代北京旧城29片破旧危房区产权分类　　　　　　　　表8-2

北京旧城29片破旧危房区房屋产权分类表

产权性质	建筑面积（万m²）	百分比
统管公房	76.89	41.2
单位自管房	45.26	23.7
私房	24.64	12.9
"文革"产*	42.40	22.2
合计	190.99	100

* "文革产"系至1983年10月的情况，要重新确定为私房或统管房。

北京旧城29片破旧危房区房屋质量分类表

房屋质量等级	建筑面积（万m²）	百分比
一类、二类房	10.35	5.42
三类房	67.70	35.45
四类房 （其中：危房）	112.90 （19.80）	59.13 （10.37）
合计	190.90	100

北京四个危房区现状统计

地区	①正式房		②自搭房		①+②合计		自搭房占正式房比例（%）
	建筑面积密度（m²/公顷）	建筑密度（%）	建筑面积密度（m²/公顷）	建筑密度（%）	建筑面积密度（m²/公顷）	建筑密度（%）	
东直门内	3624	36.24	1528	15.28	5152	51.52	42
官园南	4605	40.65	1650	16.50	5715	57.15	41
广外北	3137	31.37	1796	17.96	4933	49.33	57
法华寺	4148	41.18	1670	16.70	5788	57.88	41

南、广外北、法华寺等四个危房区的调查显示：自搭房占正式房的比例平均为45%左右，最高的一个危房区竟达到了57%。如此种种，带来了居住环境拥挤、住户相互干扰、不能满足基本的卫生标准等一系列问题（图8-1）。

其次，是居住条件日趋恶化。

所谓居住条件的日趋恶化包括两方面内容。一是指居住条件绝对性恶化。北京城内传统住宅大多是数十年或上百年的老房子，由于年久失修，城内大约20%左右的四合院属于"危、积、漏"房屋，人口的增长又加剧了恶化程度。二是指居住条件相对性恶化。1976年以前，北京旧城内90%以上的人口居住在传统的四合院中。随着北京住宅建设的发展，新型的住宅均有煤气、暖气、自来水、厕所等现代化设施。相比之下，北京四合院仍采用传统的燃料做饭取暖，数家合用一个自来水龙头，居住设施落后（图8-2）。

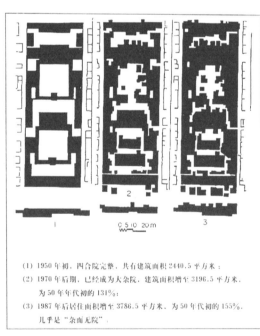

(1) 1950 年初，四合院完整，共有建筑面积 2440.5 平方米。

(2) 1970 年后期，已经成为大杂院，建筑面积增至 3196.5 平方米。
为 50 年代初的 131%；

(3) 1987 年后居住面积增至 3786.5 平方米，为 50 年代初的 155%，几乎是"杂而无院"。

北京某四合院的历史变迁(资料来源：朱嘉广.傅之京)

图8-1　拥挤的四合院空间的变迁—《北京旧城25片历史文化保护区规划》

再次，服务设施不全。

旧时北京稍大的胡同有各种小商店及服务性设施，1956年公私合营以后，胡同里的商店所剩无几。尽管这种状况已有所改观，但四合院居住区商业网点分布过稀的问题并未得到根本解决。同时，许多区域中小学的设置不尽合理，特别是小学生上学距离过远。另一方面，过去居民日常生活与社会交往多借助胡同空间，近年来由于机动车的增加，一些场所很难发挥昔日的功能。此外，乘车难、存自行车难、娱乐设施匮乏等也都是目前存在的问题（图8-3）。

最后，是城市环境质量的问题。

这里城市环境质量问题指城市环境的污染，它包括大气污染、水质污染、固体废物污染、噪声污染、辐射污染、以及城市热岛效应。这些污染使旧城居住环境质量下降，同时一些污染源对传统建筑具有破坏性。

三、主客观因素分析

主观上，与政策上的偏差关系重大。

第一，城市人口增长失控。

20世纪50年代以来，北京城市人口快速增长，市区人口从1949年的161万增加到80年代中期的600万人，且多集中在旧城区。据有关部门调查，旧城部分居住区的人口密度已高达3万人/km^2，四合院也逐步演变成大杂院。

第二，决策中的短期行为。

城市决策中的短期行为是造成北京四合院危机的另一个原因。这包括对古都风貌保护的认识不足，兴建抗震棚没有相应的拆除措施，对城市生态环境保护重视不够，市区产业结构比重过大，片面强调旧城土地紧张而采取的"见缝插针"行为，等等。

第三，用于旧城居住区改造资金过少。

长期以来，北京城市建设所取得的成就是有

图8-2　恶化的居住环境—作者拍摄

图8-3　房屋占用道路—作者拍摄

目共睹的。以住宅为例，人均居住面积已从1973年的4.82m²提高到1986年的7.13m²。然而，资金的流向主要分布在旧城以外的地区。80年代中后期，北京市每年用于非生产建设资金约为30亿元，大约20%左右的资金用于旧城改造，而用于旧城居住区旧房改造的资金每年仅1000万余元。

客观上，传统的居住形式已无法满足时代发展的需要。

其一，当代社会家庭结构发生了根本性变化，与昔日扩大式家庭结构适应的住宅形制，已不能满足核心家庭的使用要求。

其二，随着城市的发展，城市中心地带的土地利用日趋紧张，而传统的四合院土地利用不够经济，建筑容积率过低。

其三，城市交通、道路及市政设施的改善与旧有的居住区发生冲突。

其四，随着当代社会居住水准的提高，传统住宅的居住条件已显滞后。

其五，由于各种观念的改变，北京四合院的吸引力在青年人当中趋于淡化，四合院住宅区内居民存在着老年化的趋势。

第二节　北京四合院与历史文化保护区

一、保护区确立之前的相关保护措施

对北京四合院的保护性的措施起步于20世纪70年代末。1979年北京市政府公布了第二批市级文物保护单位，其中包括孚郡王府等四、五处四合院住宅。1982年，宋庆龄故居、恭王府被列为全国重点文物保护单位。此后在1984年又有一批四合院被列为市级文物保护单位。再加上1988年公布的项目，北京共有国家和市级四合院保护单位约40余所，但以上措施均属于局部性的保护（图8-4）。

图8-4　保护中的祖家街1号（祖大寿故居）—《四合院情思》

北京四合院整体性保护始于20世纪80年代初期。1983年中央批准了北京城市建设总体规划方案。方案中规定：以紫禁城为中心的原皇城范围是旧城的重点保护区，其他地区的一些有价值的革命史迹、文物古迹和有代表性的民居、街巷也加以保护，这些地区周围的新建筑在体量、色彩、风格上必须与原有建筑和景观相协调。

此外，20世纪80年代末期，关于北京四合院保护问题已经成为首都建筑界讨论的热点，一些权威性的刊物如《建筑学报》、《北京规划建设》等登载了大量的文章。同时，北京四合院的保护引起了国际上的重视，某些国际会议也把北京四合院列为议题。总而言之，北京四合院的保护正在逐步走向正轨。

二、北京历史文化保护区的确立

1986年国务院根据国家城乡发展的需要，颁布了《转批建设部、文化部（关于申请公布第二批历史文化名城名单）的通知》（简称《通知》）。该《通知》明确规定："对于一些文物古迹比较集中，或能够较为完整地体现出某一历史时期的传统风貌和民族地方特色的街区，也应予以保护。各级人民政府可根据它们的历史、科学、艺术价值，核定公布为当地各级历史文化保护区。"

为了贯彻国务院《通知》，北京市规划局向北京市政府请示，提出了划定北京旧城历史文化保护区的意见，并初步确定了北京旧城25片历史文化保护区名单。1990年11月，北京市政府召开第26次常务会议，会议批准了北京市第一批25片历史文化保护区名单。此后，根据保护古都风貌工作的需要，北京市政府于2002年公布了北京市第二批历史文化保护区名单，2004年公布了北京市第三批历史文化保护区名单。三批次的历史文化保护区中位于旧城内共有33片，总占地面积为1475hm²，占旧城总面积

的23.6%，居住人口约30万人。具体名单如下：

第一批历史文化保护区有25片，包括南长街、北长街、西华门大街、南池子、北池子、东华门大街、景山东街、景山西街、景山前街、景山后街、地安门内大街、文津街、五四大街、陟山门街、西四北头条至八条、东四北三条至八条、南锣鼓巷、什刹海、国子监街、阜成门内大街、东交民巷、大栅栏、鲜鱼口、东琉璃厂、西琉璃厂。

第二批历史文化保护区有5片，包括皇城、北锣鼓巷、张自忠路北、张自忠路南、法源寺。

第三批历史文化保护区有3片，包括新太仓、东四南、南闹市口（图8-5）。

与此同时，保护区规划编制工作也在积极着手进行。1999年起，根据北京市政府的要求，北京市规划设计院组织编制了《北京旧城25片历史文化保护区保护规划》，随后又编制了《北京历史文化名城保护规划》和《北京皇城保护规划》，规划上报政府有关主管部门批准，并于2003年12月1日起实施。规划提出，保护区内房屋保护与修缮，应采取循序渐进的方式实现《保护规划》目标，包括拆除违法建筑，降低人口密度，完善市政基础设施，改善居民住房条件，保护历史风貌等。并提出了以体现历史风貌为宗旨，坚持科学规划、有效保护、有机更新、合理利用，正确处理保护与发展的关系，逐步改善居民居住环境的指导思想。上述规划的制定，对保护区的各项工作起到了关键性的指导作用。

三、改善保护区人居环境的实践

自北京历史文化保护区确定起，改善保护区内人居环境的实践已有20余年的历史。在中共北京市委、市政府的领导下，经过多方努力，居民的住房状况得到了改善，街区的风貌得到了保护，旧城的功能趋于合理。在取得显著成

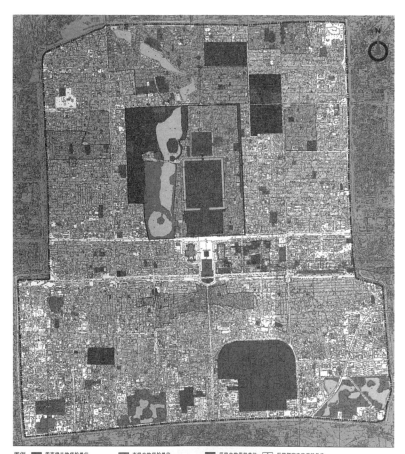

图例 ■■国家级文物保护单位　　■■市级文物保护单位　　■■区级文物保护单位　　△△区级暂定文物保护单位
第一批历史文化保护区 ▨▨第一批历史文化保护区保护范围　■■第二批历史文化保护区保护范围　■■绿地　　■■水域
第一批历史文化保护区：1.南长街 2.北长街 3.西华门大街 4.南池子 5.北池子 6.东华门大街 7.文津街 8.景山前街 9.景山东街 10.景山西街 11.陟山门街 12.景山后街 13.地安门内大街
14.西四北 15.什刹海地区 16.南锣鼓巷 17.国子监地区 18.阜成门内大街 19.西四北一条至八条 20.东四北三条至八条 21.东交民巷 22.大栅栏 23.东琉璃厂
24.西琉璃厂 25.鲜鱼口

图8-5　北京33片历史文化保护区—《北京历史文化名城—北京皇城保护规划》

绩的同时，也有一些经验教训，许多方面值得总结。从保护区改造的方式看，相关实践可以划分为两个时期，即1988年至2003年的危旧房改造时期和2004年至今的保护修缮时期。现简要介绍这两个时期重要的做法与实例。

1. 危旧房改造时期（1988~2003年）

20世纪80年代末期，随着保护区概念的提出，对改善保护区居民人居环境的工作同时展开，在此后的十余年中，一批探索性的改造项目相继完成，以下为该时期的代表性项目。

① 菊儿胡同试点

改善北京历史文化保护区居民人居环境实践最早可以追溯到20世纪80年代末期的菊儿胡同改造项目。当时政府选择了原东城区菊儿胡同作为危改试点，目的在于探索旧城危改的模式（图8-6）。

菊儿胡同试点在建筑布局上考虑了原有胡同、院落的肌理，用"基本院落"组成类似四合院的格局，院落由2~3层楼房围合，可根据需要向周围发展。建筑内部采用单元式住宅形式，每户有独立的厨房、厕所及配套的建筑设施。

该项目采用了"住房合作社"的房改方式，提出了"群众集资、国家扶持、民主管理、自我服务"的原则，按照原住户的意愿，愿意回迁的住户交纳350元/m²的投资费回购住宅，不愿意或无力回迁的住户由政府安置外迁，外来户按当时市场价格人民币3000元/m²购买。

菊儿胡同改造项目极大地改善了当地居民的居住状况，住户摆脱了"危、旧、破、差"的居住环境，迁入了设施齐全的新房，人均居住面积也由7.8m²扩大到15m²左右。

菊儿胡同改造项目完成后得到了社会各界的好评，并获得了多项国内外建筑奖项和联合国世界人居奖。菊儿胡同改造项目是在清华大学教授吴良镛先生"有机更新"理论指导下所做的实践，该理论对此后保护区的相关实践产生了深远的影响。

② 牛街改造工程

牛街位于原宣武区中部，北接广安门大街，南通右安门大街，占地面积1.41km²，人口5.4万人，其中回民1.2万人，是北京旧城内最具民族特色的街道之一。由于建筑年久失修，牛街地区大部分四合院都衰败成"大杂院"，基础设施陈旧，人口密集，街区环境低下。1997年由宣武区房地产经营开发公司等单位对该地区进行大规模改造，动迁居民6000多户，人口近2

图8-6a 菊儿胡同改造工程现状—作者拍摄

图8-6b 菊儿胡同改造工程现状—作者拍摄

图8-6c 菊儿胡同改造工程现状—作者拍摄

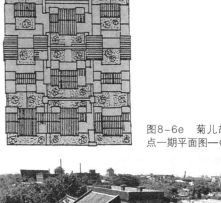

图8-6e　菊儿胡同改造试点一期平面图—《北京民居》

图8-6d　菊儿胡同改造工程现状—作者拍摄

图8-6f　菊儿胡同改造试点—《北京民居》

万人，危改区总占地面积约30hm²。改造后的居住区采用了高层塔楼与多层板楼结合的现代里坊式格局，当地居民居住状况得到了全面改善，但由于采用了"连街成片"盖新楼的改造方式，传统街区风貌荡然无存（图8-7）。

③ 南池子试点

南池子试点位于北京东城区南池子大街东侧，该项目总占地6.39hm²。改造前南池子地区人口密度大，有1076户居民，户均建筑面积仅为27m²，市政基础设施条件差，建筑年久失修，居住环境恶化。2001年初，市政府决定将此作为改造试点。

改造后的南池子修复了区内文物普渡寺，疏解了70%的人口。新建房屋采用2层为主单元式院落平面布局，每户上下两层，水、电、气直通户内，建筑全部采用青砖灰瓦坡屋顶的民居形式，风貌上仿北京传统民居，建筑高度控

制在6m以内，并有地下停车场，街区破败的状况得到彻底改观（图8-8）。

然而按照2001年北京市提出的历史文化保护区房屋修缮改建的各项原则，保护区内应保留70%以上的历史建筑，以保持其历史的真实性和完整性，南池子改造试点拆除了原有的200余个四合院院落，仅保留了31个院落，此种做法受到有关方面的质疑。

2. 保护修缮时期（2004年至今）

在南池子试点受到国内外文物保护界非议之后，政府相关部门调整了保护区的更新方式，即从大规模"推平头"式的改造方式转向"小规模、渐进式"的修缮方式。相关代表性实践如下：

① 御河地区保护与修缮

2004年，市政府选择了御河、前门、大栅栏等六片保护区作为保护与修缮的试点项目，

图8-7a　牛街改造工程现状—作者拍摄

图8-7b　牛街改造工程现状—作者拍摄

图8-7c　牛街改造工程现状—作者拍摄

图8-7d　牛街改造工程现状—作者拍摄

图8-7e　牛街改造工程现状—作者拍摄

图8-7f　牛街清真寺—作者拍摄

图8-8a　南池子工程现状—作者拍摄

图8-8b　南池子工程现状—作者拍摄

图8-8d　南池子工程现状—作者拍摄

图8-8c　南池子工程现状—作者拍摄

图8-8e　南池子工程现状—作者拍摄

图8-8f　南池子工程现状—作者拍摄

图8-8g　南池子工程现状—作者拍摄

图8-8h　南池子工程现状—作者拍摄

图8-8i　南池子工程现状—作者拍摄

图8-8j　南池子工程现状—作者拍摄

以探索保护区更新方式。

御河修建于元代，是连接什刹海与京杭大运河的重要河段。20世纪50年代成为暗河，在河道上建起房屋。为了恢复历史风貌，改善当地居民住房状况，政府决定对其进行改造。

御河规划范围位于地安门大街东侧，规划总用地13.8hm²。规划恢复了河道，疏散了人口，保留了原有60%的院落，并对原有院落进行整修，对周围的胡同进行了疏理。御河改造工程的特点是保留了该地区大部分的院落，在协调保护与发展的关系方面进行了有益的尝试，现该工程已完成（图8-9）。

②"微循环"探索

随着保护意识的提高，2005年起保护区的改造方式更注重保护传统建筑，各区探索了一批"微循环"式的改造方式，其特点是

图8-9a 御河改造工程现状—作者拍摄

图8-9b 御河改造工程现状—作者拍摄

图8-9c 御河改造工程现状—作者拍摄

图8-9d 御河改造工程现状—作者拍摄

对于建筑质量尚可的院落予以修缮，对危房尽量采用保留院落格局、原拆原建的方式进行改造。各区积累了一些宝贵的经验，包括原东城区"居民自愿去留"的改造方式，原西城区以院落为单位的"小规模、渐进式、多元化、微循环"的改造方式，原崇文区以外迁人口为目标的"人户分离"的改造方式等（图8-10）。

③ 修缮四、五类房屋

四、五类房屋是指保护区内房屋质量较差或极差的房屋，其中部分房屋属于危房，存在着大量的安全隐患。多年来，北京市政府加大了对保护区四、五类危旧房屋的改造，特别是从2007年起，结合"迎奥"环境整治工程，市区政府投巨资对危旧房屋进行修缮。以原西城区为例，仅2008年就完成了对2062间五类危房

图8-10a　微循环改造—作者拍摄

图8-10b　院落修缮实例（草场地区）—作者拍摄

的抢险修缮任务，并对12条胡同、465个院落进行修缮改造，市、区两级政府投资近10亿元人民币。院落修缮方式是对危房原拆原建，原住户不外迁，居民居住质量得到了改善，街区的环境也大有改观（图8-11）。

④ 其他方面的实践

为了改善保护区居民住房条件，多年来由政府投资进行了"煤改电"、"燃改气"、改造"低洼院"等多项工程。对于改造以后的项目，政府还予以财政补贴，为百姓排忧解难做了大量的工作。另一方面，来自民间的改造方式也取得了一些成绩，特别是在什刹海地区，酒吧街的商户对原有房屋进行改造，以适应旅游发

展的需求，这种做法得到了有关方面的认可（图8-12）。

⑤ 相关法规的制定

为了规范保护区的各项工作，北京市政府相继出台了一系列的法规与条例，包括《北京市总体规划》（2004～2020年）、《北京历史文化名城保护规划》、《北京历史文化名城保护条例》、《北京旧城25片历史文化保护区保护规划》、《北京皇城保护规划》、《北京旧城历史文化保护区房屋保护和修缮工作的若干规定（试行）》、《关于加强危改中的"四合院"保护工作的若干意见》等。上述文件均有多处涉及改善保护区人居环境的内容及措施。

图8-11a　修缮4、5类危房（草场地区）—作者拍摄

图8-11c　修缮4、5类危房（草场地区）—作者拍摄　　　图8-11b　修缮4、5类危房（草场地区）—作者拍摄

图8-11d　修缮4、5类危房（草场地区）—作者拍摄

图8-11e　修缮4、5类危房（草场地区）—作者拍摄　　　图8-11f　修缮4、5类危房（西四地区）—作者拍摄

图8-12a　白塔寺地区煤改电暖气—作者拍摄

图8-12b　北京现存旧式煤厂—作者拍摄

图8-12c　煤改电—作者拍摄

图8-12d　煤改电—作者拍摄

图8-12e　燃煤改燃气—作者拍摄　　　　图8-12f　什刹海酒吧街—《北京胡同》五洲版

第三节　北京四合院人居环境调查

自2007年3月起，我们先后对北京历史文化保护区内350个四合院居民家庭进行了调查，主要涉及居民住房情况和居民生活情况。另一方面，我们还走访了部分政府职能单位，了解在改善四合院人居环境工作中的难点，并对什刹海等地区进行了相关调查，现将调查情况分述如下。

一、保护区四合院居民住房情况调查[1]

此调查共发放调查表150份。调查主要集中在什刹海、白塔寺、大栅栏、鲜鱼口、南池子等地区，调查内容主要涉及保护区房屋建筑与市政设施情况，调查时间从2008年9月至2009年3月。

1. 人均居住面积

调查结果显示，居民人均居住面积低于5m² 的占9.7%，5～10m²的占21.30%，10～15m²的占35%，15m²以上的占34%。调查的居民人均居住面积低于目前全市人均居住面积20m²的一般标准（图8-13a）。

2. 房屋结构情况

参照《北京旧城25片历史文化保护区保护规划》评价标准和相关建筑标准，将房屋结构状况划分为好、一般、差三个等级。调查显示，保护区房屋结构质量近90%合格，较差的占10.92%（图8-13b）。

3. 房屋漏雨情况

调查中个别住户反映屋顶有漏雨情况，雨季若房屋漏雨，房管部门能及时修补（图8-13c）。

4. 房屋通风情况

通风参考普通住宅评价标准与居民感受制定。调查中有27.2%的住户认为通风好，72.8%的住户认为通风不好（图8-13d）。

5. 房屋采光情况

采光参考普通住宅评价标准与居民感受制

1. 该调查为本人指导北京建筑工程学院2006级研究生陈怡同学所做。

定。调查中有22.7%的住户认为采光还可以，77.3%的住户认为采光不好（图8-13e）。

6. 房屋保温隔热设施

调查中只有9.1%的住户家中拥有较为完善的保温隔热设施，有90.9%的房屋没有保温隔热设施。老式房屋仅靠墙体保温隔热，少数住户对房屋进行改造（图8-13f）。

7. 房屋潮湿情况

调查中有76.8%的住户感觉家中较为潮湿，有23.2%的住户认为家中不潮湿。房屋潮湿的主要原因是院落排水不畅，房屋防潮设施不完善（图8-13g）。

8. 院内厕所设置情况

调查中有5.8%的住户家中有单独的厕所，6.2%的住户使用院落内公共厕所，有88%的院落及房屋中均无厕所，住户需要使用胡同中的公共厕所（图8-13h）。

9. 厨房设置情况

调查中有78.4%的住户家中有单独的厨房（多数为居民自建的简易房屋），2.5%的住户使用院落内公共厨房，有19.1%的住户无正规的厨房（图8-13i）。

10. 是否设置网络系统

调查中有57.2%的住户设置了网络系统，42.8%的住户家中还未通上网络（图8-13j）。

11. 水通到院、户情况

调查中有57.4%的住户家中通自来水，有42.6%的住户家中还未通自来水，需要到院内取水（图8-13k）。

12. 冬季采暖方式

有62.2%的住户家中采用电采暖，有37.8%的住户家中还在采用烧煤进行采暖（图8-13l）。

13. 院内排水是否通畅

调查显示，有98.3%的调查院落内下水设施陈旧，雨季院内排水不畅，仅有1.7%的调查院落排水较为通畅（图7-13m）。

14. 电路更新情况

新电路指近几年更新的电路，调查中有63%的住户使用的是新电路系统，有37%的住户仍在使用旧的电路系统（图7-13n）。

15. 燃气方式

调查中有73.4%的居民使用液化气罐做饭，有26.6%的居民使用的是管道天然气做饭（图7-13o）。

16. 院落绿化情况

调查中有67.2%的院落内有绿化，有32.8%的院落基本无绿化，整体上院落绿化率较低（图7-13p）。

17. 胡同停车情况

调查中有25.4%的胡同里有专门的停车场所，有74.6%的胡同无停车场所，占用道路停车的现象较为普遍（图7-13q）。

18. 是否符合消防安全要求

调查中只有6.4%的院落符合消防安全要求，有93.6%的院落不符合消防安全要求。主要原因是消防车入胡同难，院落拥挤，存在大量的消防隐患（图7-13r）。

19. 是否为低洼院

调查中有97.6%的院落为低洼院，原因是旧时胡同路面经常用炉渣铺垫，造成了胡同路面高于院落地坪。仅有2.4%的调查院落为非低洼院（图7-13s）。

20. 休息场地与设施

多数保护区内户外活动空间狭小，调查中有38%的居民希望增加休闲的小广场，32%的居民希望增设便民的健身场所，另有24%的调查对象希望娱乐休闲或运动场所门票能适当优惠（图7-13t）。

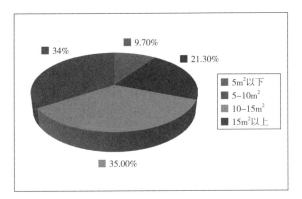

图8-13a　人均居住面积数据统计表

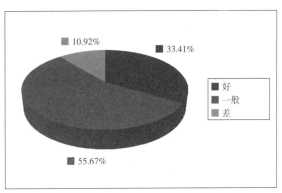

图8-13b　房屋结构状况数据统计表—作者绘制

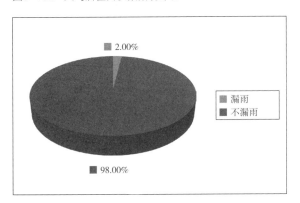

图8-13c　房屋漏雨情况数据统计表—作者绘制

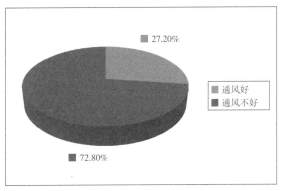

图8-13d　房屋通风情况数据统计表—作者绘制

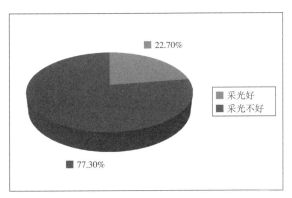

图8-13e　房屋采光情况数据统计表—作者绘制

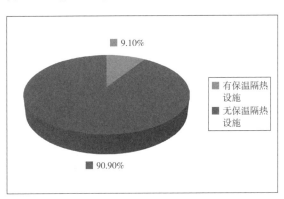

图8-13f　房屋保温设施数据统计表—作者绘制

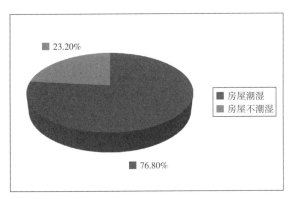

图8-13g　房屋潮湿情况数据统计表—作者绘制

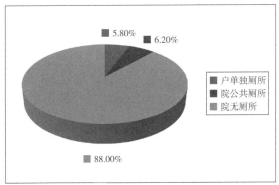

图8-13h　院内厕所设施数据统计表—作者绘制

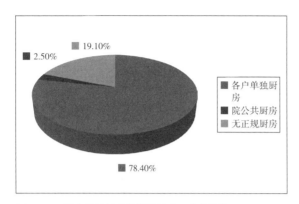

图8-13i　厨房设置情况数据统计表—作者拍摄

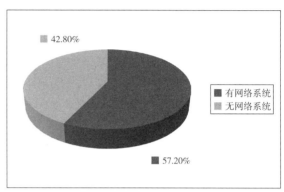

图8-13j　网络系统设置情况统计表—作者拍摄

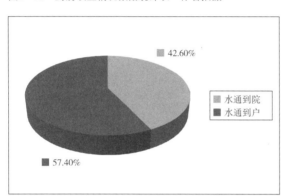

图8-13k　自来水通院、户情况数据统计表—作者绘制

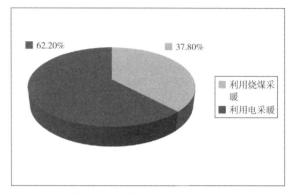

图8-13l　冬季采暖方式数据统计表—作者绘制

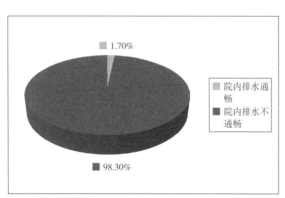

图8-13m　院内排水情况数据统计表—作者绘制

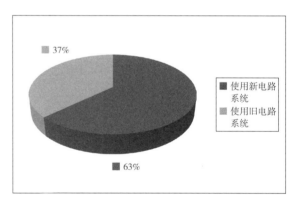

图8-13n　电路更新情况数据统计表—作者绘制

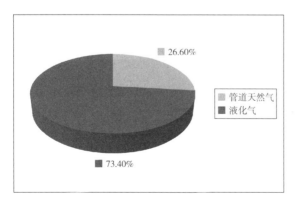

图8-13o　燃气方式数据统计表—作者绘制

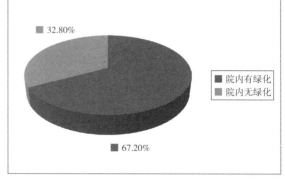

图8-13p　院落绿化情况数据统计表—作者绘制

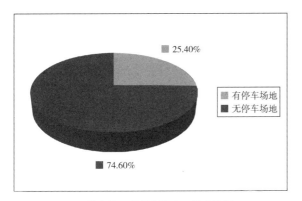

图8-13q　胡同停车情况数据统计表—作者绘制

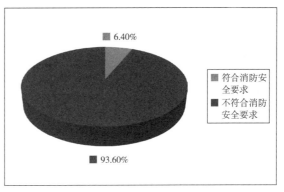

图8-13r　消防安全情况数据统计表—作者绘制

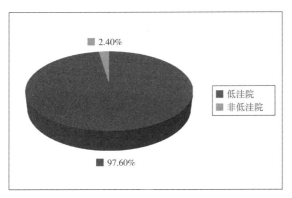

图8-13s　低洼院落数据统计表—作者拍摄

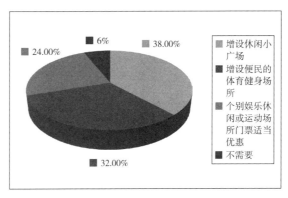

图8-13t　休闲场所和公共配套设施数据统计表—作者绘制

二、保护区四合院居民生活情况调查[1]

此调查是对东四地区、西四北头条至八条、什刹海地区、草场三条至九条、法源寺地区居民家庭采取的抽样调查，共发放调查问卷200份，调查时间是2007年6月。

1．家庭人口数量

调查的家庭中，有62%的家庭人口数量为3人，有18%的家庭为4人，10%的家庭人口为2人，8.3%的家庭为5人，1.7%的家庭为1人（图7-14a）。

2．受教育程度

调查中有69%的居民为中学文化水平，25%的居民拥有大学以上的文化水平，另外有6%的居民为小学文化水平（图7-14b）。

3．就业情况

调查的保护区居民中有36.7%为退休人员，

32.3%为双职工，21.5%为单职工，此外有9.5%的调查对象当时处于失业状态（图7-14c）。

4．人均月收入情况

调查数据显示：保护区居民的月收入水平主要集中在500～2000元之间，其中有48%的居民收入为500～1000元，另外有25%的居民收入为1000～2000元（图7-14d）。

5．机动车拥有量

调查中89%的居民没有机动车，10%的被调查对象拥有一辆机动车，另外有1%的居民拥有两辆机动车（图7-14e）。

6．拆迁补偿费

在拆迁补偿费方面，有63%的被调查对象认为在每平方米5万元以上可以考虑拆迁，另外有28%的居民表示不管多少钱也不愿意搬走（图7-14f）。

1．该调查为民盟北京市委"古都风貌保护课题组"所做，本人曾作为课题组负责人之一参与此项调查。

7．搬迁后居住意向

调查结果显示：有绝大部分居民希望搬迁后仍然住在城区，其中有43%的居民打算购买城区的二手房，有31%的居民会购买城区新房，有14%的调查对象会购买郊区经济适用房（图7-14g）。

8．居民反映生活最困难的问题

此调查列出了与居民生活密切相关的十个方面内容。统计后表明，居住困难、经济困难、医疗困难、就业困难、烧煤取暖困难为居民生活选择的前五个问题，分别占28.6%、27.2%、13.6%、7.4%、7.4%（图7-14h）。

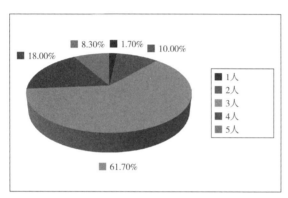

图8-14a　家庭人口数量数据统计表—作者绘制

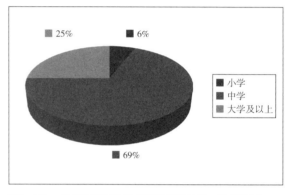

图8-14b　休闲居民受教育状况数据统计表—作者绘制

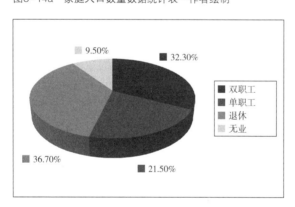

图8-14c　居民就业状况数据统计表—作者绘制

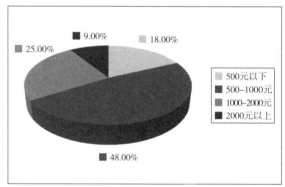

图8-14d　居民人均收入数据统计表—作者绘制

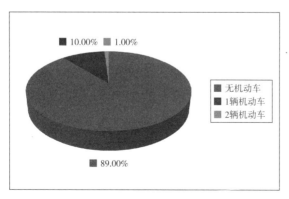

图8-14e　机动车拥有量数据统计表—作者绘制

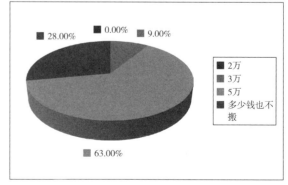

图8-14f　拆迁补偿意愿数据统计表—作者绘制

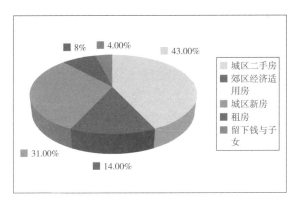

图8-14g 搬迁后居住意向数据统计表—作者绘制

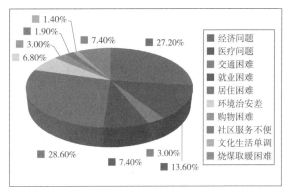

图8-14h 居民反映生活困难数据统计表—作者绘制

三、其他相关调查[1]

1. 原东城区疏散保护区人口的实践

2007年，原东城区启动了保护区居民住房条件改善试点工程。该工程选择了保护区内11所院落，政策上采用"居民自愿，鼓励人口外迁"的原则，同时对留下住户的房屋加固修缮，拆除了自建房，改善了居民住房条件，回访居民普遍感到满意。该试点现无法大范围推广，难点在于资金需求量过大（图8-15）。

2. 原西城区什刹海酒吧街调查

什刹海地区是北京旧城最大的一片历史文化保护区，近年来酒吧街发展迅速，至2007年初已增至200余家，日接待游客近万人次。据当地居民反映，该地区交通拥堵，噪声严重，影响了他们的日常生活。

同时该地区还存在着管理机构多，执法分而治之的情况，现有区街道办、什刹海管理处、区城管大队、市园林局、市规委、市文物局、市河湖管理处等七八家单位共同管理，降低了工作效率（图8-16）。

3. 原西城区西四北头条至八条"煤改电"工程

2005年初，原西城区政府完成了西四北头条至八条的"煤改电"工程。该工程方便了居民冬季采暖，减少了大气污染，取得了很大成绩。另一方面，尽管有政府补贴，但相当一部分家庭仍承担不起高额电费，不得不用烧煤作为补充供暖措施（图8-17）。

4. 原崇文区前门地区危改试点

前门地区危改试点始于2003年，这里人口稠密、房屋危旧、市政设施滞后。政府在危改过程中提出了"人户分离"的模式，即采用货币补偿的方法，将保护区的人口全部外迁，然后根据发展的需要在此建商业、文化设施。崇文区"人户分离"成功的方面在于调整了城市用地性质，为区域经济发展注入了活力（图8-18）。

5. 原崇文区草场三条至九条相关情况

草场三条至九条属鲜鱼口历史文化保护区，现有居民1300余户，3000余人，部分居民人均月收入在人民币500元左右。该地区三、四、五类危旧房屋高达90%，夏季院内积水，冬季燃煤污染。近年来政府采取"人户分离"的政策鼓励人口外迁，现留下来的居民低保户多，老人多，残疾人多（图8-19）。

6. 原宣武区法源寺居民住房情况

据调查，在法源寺保护区内的居民中，有92%的人把居住困难列为生活困难的第一位。首

1. 2010年7月，经国务院批准，北京市政府对旧城行政区划进行了调整，将原东城区、崇文区合并为东城区，原西城区、宣武区合并为西城区。鉴于部分调研内容、数据为区划调整前所收集，此处所采用原区划名称。

图8-15a　东四地区四合院改造—作者拍摄

图8-15b　东四地区四合院改造—作者拍摄

图8-16a　什刹海酒吧街—作者拍摄

图8-16b　什刹海酒吧街—作者拍摄

图8-17a　北京现存旧式煤厂—作者拍摄

图8-17b　西四北地区煤改电室外变压器—作者拍摄

图8-18a　前门地区改造—作者拍摄

图8-18b　鲜鱼口地区改造—作者拍摄

图8-18c　鲜鱼口地区胡同街景—作者拍摄

图8-19a　草场九条街景—作者拍摄

图8-19b　改造后的草场地区街景—作者拍摄　　　　图8-19c　改造后的草场地区街景—作者拍摄

图8-19d 改造后的草场地区街景—作者拍摄

图8-19e 改造后的草场地区街景—作者拍摄

图8-19f 改造后的草场地区街景—作者拍摄

图8-19g 改造后的草场地区街景—作者拍摄

先是人均居住面积少，该地区人均居住面积仅有7m²，其次是房屋质量差，特别是四、五类危旧房高达30%。在其他方面，居民收入低，就业难，盼望政府尽快帮助他们改善生活质量（图8-20）。

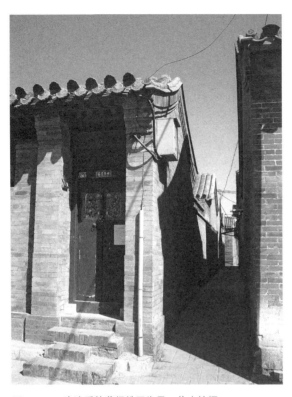

图8-19h　改造后的草场地区街景—作者拍摄

图8-20a　法源寺大雄宝殿—作者拍摄

图8-20b　法源寺地区胡同街景—作者拍摄

图8-20c　法源寺地区胡同街景—作者拍摄

图8-20d　法源寺地区胡同街景—作者拍摄

图8-20e　法源寺地区胡同街景—作者拍摄

图8-20f　法源寺后街街景—作者拍摄

图8-20g　法源寺前街街景—作者拍摄

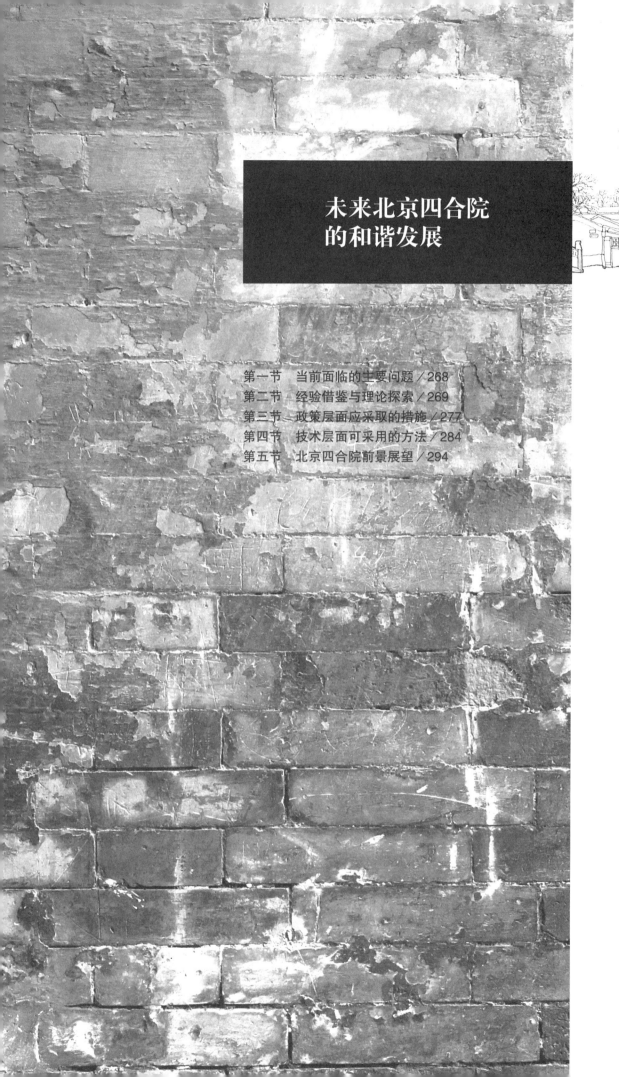

第九章

未来北京四合院
的和谐发展

第一节　当前面临的主要问题

一、保护方面

在北京迈向现代化城市的进程中，对于传统建筑"保"与"拆"的争执始终未能平息。大规模的拆迁运动可追溯到清末。光绪二十七年（1901年），清政府与列强签订的《辛丑条约》规定："各使馆境界，中国民人概不准在界内居住"，东交民巷地区被拆除的民房多达1600余座，甚至衙署、王府也未能幸免。民国时期，北洋政府建香厂"模范市区"，其范围"南抵先农坛，北至虎坊桥，西达虎坊路，东尽留学路"，区内的老旧房屋逐次拆除，后建成了北京新市区。20世纪六七十年代，为了建地铁、修二环，把明清北京的城墙及周围的胡同、四合院予以拆除。改革开放以后，北京又经历了旧城改造和危旧房改造。

总体来看，百余年北京旧城的发展是以拆除胡同、四合院作为代价的。例如在1990年至2004年的危旧房改造中：城市的功能得到改善，数十万居民住房条件得到提高；但拆除的平房、四合院475.8万m²，拆除胡同639条[1]。目前，北京旧城的平房区（含故宫等文物保护单位和绿地）总占地面积2669hm²，占旧城面积的42.7%，其余57.3%都是现代建筑的楼房区，百年的发展付出了半个老北京城。

21世纪伊始，北京市政府加大了对古都风貌保护的力度，相继出台了一系列保护规划，至2005年国务院批准的《北京城市总体规划方案》（2004～2020年），标志着北京已初步建立了旧城、历史文化保护区、文物保护单位完整的保护体系。

另一方面，近年来北京市出台的保护规划均属于宏观上的保护，对于微观个体历史性建筑保护很少涉及。目前北京单体建筑保护执行的是国家《文物保护法》，北京现有各级文物保护单位900余个，远远低于欧美各国的水平。因此在旧城改造中出现了一些争议，历史性建筑保与留没有法律依据。从长远的观点看，随着时代的发展和社会的需求，北京的旧城还会调整，现有的33片历史文化保护区内的危旧房屋还要修缮改造，现在应着于研究对非文物历史性建筑的保护工作，使具有一定历史价值的建筑物得以长久保存。

二、人口方面

人口疏散问题是改善北京四合院人居环境的最大难题。按照《北京市总体规划》（2004～2020年）目标，北京旧城人口应由165万降到110万人，其中保护区人口外迁是工作的重点。回顾历史，1990年北京旧城人口为175万人，经过十余年的努力，到2003年北京旧城人口降至165万人，年均疏解人口仅为0.7万余人，这还是在大规模危旧房改造的背景下所完成的任务。2003年后，为了保护古都风貌，北京旧城停止了"大拆大建"的改造方式，外迁人口工作更为艰难。根据调查，目前保护区外迁人口的难点主要表现在如下几个方面。

1. 人口多，资金紧

以原西城区为例：该区共有保护区12片，占地面积460hm²，其中居住面积70万m²，居住3.5万户，人口12万人，人均居住面积仅6m²。保护区危旧房多，基础设施陈旧，存在大量结构隐患和消防问题。根据有关部门统计，按北京现有居民居住水平，若改善原西城保护区全部居民住房条件，总投资高达近千亿元人民币，这对政府来说财政压力巨大。

2. 房源少，产权混

据调查，保护区居民多数愿意外迁，但由

[1] 转引自：尼跃红. 北京胡同四合院类型学研究. 中国建筑工业出版社. 58.

于政府把握较好地段的房源少，居民担心外迁后生活不方便，诸如子女就学、老人就医、交通出行等问题。另一方面，保护区内现有房屋产权方式复杂，有公、私、军队、单位、宗教等多种产权形式，这种现象阻碍了单位、个人购房的积极性，借助社会力量外迁人口的途径不够畅通。

3．改造缓，无"法"依

近年来，原东城区采取了"居民自愿"的方式，对四合院进行"微循环"改造。在实践中，由于个别居民不愿意改造，整院的工程无法实施，造成了人口外迁及旧房改造工作迟缓。同时，保护区人口外迁无法律可依，对拆迁补偿、居民安置及"钉子户"等方面没有统一的规定，影响了各方面工作的进展。

三、其他方面

1．土地性质与产业结构

北京历史文化保护区内的胡同、四合院已有数百年的历史，由于"人口多，房屋危，设施差"等问题，造成了多数保护区的衰败，部分地段已经成为城市的"贫民区"，保护区以居住为主的用地性质已经无法适应城市发展的要求，大量有价值的文物古迹、胡同、四合院没有得到有效的利用，保护区的产业政策急需制定，资源应当重新整合，土地使用性质应当部分变更。

2．整治方式

自2003年起，旧城各区政府先后探索了一批"小规模、渐进式、微循环"的四合院住宅整治方式，取得了良好的效果。另一方面，随着形势发展，保护区部分地段需要更新。为了避免"大拆大建"，我们仍然需要坚持小尺度、小规模的改造方式，探索适合传统商业、文化产业、小型办公业的四合院建筑形式。

3．公众参与和改善民生

资金短缺、速度迟缓是保护区平房四合院整治的难点。我们不妨换一个思路，让社会参与保护区的工作。可采用集资、合资的方式，让单位、个人介入，扩大融资渠道，加快整治速度。同时根据调查，保护区居民整体上属社会弱势群体，低保多、老人多、收入少，应研究帮扶政策，解决实际困难。

第二节　经验借鉴与理论探索

一、国内外相关经验的借鉴

1．国外相关理论的发展

建筑既是人们的居所，又反映了人类社会政治、经济、文化发展的过程。早在文艺复兴时期，意大利就十分重视对具有重大历史价值、科学价值、艺术价值的古建筑进行保护。18世纪末，欧洲的建筑保护开始以国家立法的形式确定下来。

"二战"以后，欧洲多数国家经历了战后大规模的城市更新，在拆毁了大量历史性建筑之后，人们发现这种做法存在着许多弊端，如城市的历史文化信息消失等。于是各国开始探索城市更新与旧城保护相结合的道路，保护对象从个体的文物建筑扩大到群体的历史地段。

1964年5月，在第二届历史古迹建筑师及技师国际会议上通过的《国际古迹保护与修复宪章》（《威尼斯宪章》），第一次以国际宪章的方式把历史建筑的概念扩大到环境范围，包括"能够见证某种文明、某种有意义的发展或某种历史事件的城市或乡村环境"。至此，开创了对历史地段、历史街区保护的先河。

1976年11月联合国教科文组织在内罗毕通过了《关于历史地区的保护及其当代作用的建议》(《内罗毕建议》)。该建议肯定了历史街区在社会方面、历史方面和使用方面所具有的普遍价值，同时强调把街区保护与街区复兴结合起来，以满足居民的社会、经济、文化方面的需求。

1987年由国际古迹遗址理事会通过了《保护历史城镇与城区宪章》(《华盛顿宪章》)。该宪章在肯定《威尼斯宪章》和《内罗毕建议》的基础上，明确了保护历史城镇和城区的意义、原则、方法，并强调保护工作必须是城市社会发展政策的组成部分，历史街区保护要适应现代生活。

综上所述，国际上对历史性建筑的保护趋势是从单一的文物建筑保护扩大到群体的历史地段保护，保护的方法也由静态保护转向动态保护，保护工作与街区复兴、改善居民生活、城市社会发展紧密结合，使历史性建筑保护更加全面化、系统化。

2．欧美等部分发达国家的实践

总体来说，历史街区内的建筑承载着深厚的历史文化信息，是一个城市、国家、甚至全人类的宝贵文化财富。与此同时，这些建筑年代久远、设施陈旧、功能滞后，质量低下。为了适应城市的发展，满足居民对新生活的需求，欧美等国进行了数十年的探索。现将部分国家改善历史街区人居环境的做法简述如下。

① 关于修缮房屋

法国是划定"历史保护区"较早的国家，1962年政府颁布了保护历史街区的《马尔罗法》，规定保护区的建筑物不得任意拆除，改造要经过"国家建筑师"指导。如在里昂，保护区内还有16世纪至20世纪初的许多古老房屋，建筑物保存其外表，内部可加固改造，加建厨房、卫生间设施，同时鼓励外迁人口，增加原

有居民的居住面积。美国波士顿西百老汇公共住房区为被保护的旧式居住区，在改造过程中，建筑师保护了街区的历史风貌，调整了房屋的内部划分，并增加了停车、绿地及社区服务设施。日本历史街区受《文化财保护法》保护，该法规规定：街区的改造要制定保护整修计划，涉及规划、建筑、基础设施等方面的内容。

② 关于人口外迁

第二次世界大战后，西方一些大城市人口出现向郊区外迁的趋势，原有的中心区由于人口密度高、产业滞后、房屋设施失修，导致生活环境恶化。在英国，1977年7月正式颁布《内城政策》，要求保护内城应外迁人口、调整产业结构。在美国，随着私家汽车和高速公路的发展，城市中心区的居住人口逐渐向郊区转移。日本东京周边地价低，人们迫于经济压力，纷纷迁居到城市外围地区，形成了城市人口外流，减轻了市区拆迁的压力，旧城风貌得以较好地保存。

③ 关于吸引资金的优惠政策

20世纪60年代以来，欧美等国在对历史街区保护与更新的过程中采取了多种经济优惠政策。例如美国，利用开发权转移的方式进行更新，即开发商在历史街区所建项目的亏损，可由城市其他土地上的项目予以补偿。又如德国，旧城更新项目依据《特别城市更新法》获得政府资助，更新中无盈利开支费用60%由州政府负担，40%由地方政府负担。再如日本，1968年设立了日本观光资源保护财团，财团基金经审批后可用于历史街区的保护与更新。

④ 关于传统街区产业政策的调整

欧洲各国对传统街区的做法并不完全拘泥于现状保护，而是根据城市发展的需要赋予其新的功能。如巴黎圣马丁运河沿岸原为工业仓储区，随着城市发展，该地区衰落，更新规划

将原有地区改变为娱乐、休闲、运动区。又如罗马在修整古迹时将旧军营改为大学，将老厂房改为博物馆，将一些传统住宅区改为商业、办公用地。上述改造使老街区焕发了活力。

⑤ 关于居民参与旧城更新

公众参与是历史街区保护与更新的重要方面。20世纪60年代以来，西方国家出现了"社区建筑"，即由居民参与居住区改造的做法。法国地方议会确立保护区后进行三项重要工作：发表公告，公众调查，公共投票表决。日本民间成立了《全国历史街区保护联盟》，通过调查向当局反映民意，为政府决策提供依据。美国社区保护遍及许多州，社区和居民积极参与保护活动，以达到改善居住状况、争取环境公平、提高社区品质的目的。

⑥ 关于配套法规与政策

欧美各国对历史街区的保护已有数十年的历史，在实践中探索了一套相对完整的法规与政策体系。保护方面，实行的是指定制度（文物保护）和登录制度（准文物保护）双重保护体系；修缮方面，国家及地方政府设立专项基金予以补助；更新方面，调整土地使用性质，鼓励文化产业，制定优惠政策；管理方面，建立由政府、专家、居民代表组成相关机构，如保护区管理委员会，负责保护区有关工作；公众参与方面，政府鼓励居民参与保护与修缮工作，并形成了一套较为规范的程序，民间也成立了相关的组织。

3. 国内部分城市的实践

事物的发展是一个新陈代谢的过程，保护区也是如此。随着时代的发展，新生活的需要，有必要对保护区进行整治、修缮、改造。二十余年来，国内有关方面对此进行了有益的探索。以下为部分城市的相关实践。

① 上海

上海中心城区历史文化风貌区共12个，总面积达27km²，其中1949年以前的历史保护建筑有1200万m²。上海市政府对历史文化风貌区建立了一套较为完善的保护机制，包括：每年市、区两级财政建立了历史文化风貌区和优秀历史建筑保护专项资金；成立上海历史文化风貌区和优秀历史建筑保护委员会；对于优秀历史建筑未经市主管部门批准不得拆除、改造；保护建筑的产权人必须负责对所在建筑承担维修养护义务；对那些已划拨给开发商的优秀建筑，遵循"利用服从保护"的原则，开发商必须按要求履行保护义务。

上海市对历史文化风貌区的改造，形成了自身的特色。1999年市政府颁布了《关于本市历史文化风貌区内街区和建筑保护整治的试行意见》。文件中规定保留、保护、改造的主要原则：一是整治与风貌保护相结合，继承历史文化文脉，保护特色与空间；二是整治与环境改善相结合，包括提高绿化覆盖率，增加公共活动空间及环境景观设施；三是整治与设施完善相结合，应完善必要的辅助设施，满足现代化使用要求，提高居民居住质量。文件还详细规定了市、区各部门在保留、保护试点项目中的主要职责，试点包括黄浦区、卢湾区（现已并入黄浦区）内的一批项目。

近年来，上海市对老城区的改造采用了多种方式。以上海老城厢南市区危改为例：该地区至今保留着大量的传统民居，且文物古迹密集，这里人口密度高、房屋损坏率大、市政设施陈旧、绿化率低、用地性质混杂，相关部门根据不同情况采用了"拆、改、调、留"等多种方式进行整治。"拆"即对结构差、损坏严重的房屋采取拆除后重建；"改"即对旧有房屋改造，如外貌整修，内部加固，提高通风、采光、隔热条件等；"调"即调整土地使用性质，将居住用地变为文化商业用地，房屋保持原有风貌；"留"即保留文物古迹和历史性建筑。这种"分类指导"的整治方式值得借鉴（图9-1）。

② 苏州

历史文化保护区的保护与整治是一项系统工程，规划上对城市布局与功能结构进行调整是一种明智之举。多年来国内一些城市采用了开辟新区保护古城的做法，取得了较好的效果。

苏州是一座具有三千年历史的历史文化名城。为了保护古城风貌，苏州的做法是在老城区外再建新城。首先，积极建设新区，为改善古城环境提供外部条件；其次，疏散旧城人口，解决人口密度过高的问题；再次，调整产业结构，将不适宜留在古城内的工业、企事业单位迁至新区；还有，协调新旧城市之间的关系，发挥各自的功能优势；最后，扩大保护与整治古城的力度，提高古城的环境质量，实现保护与发展的双赢（图9-2）。

与苏州的做法相似，山西平遥也采取了保护老城和建设新城并行的方式解决城市发展中存在的问题，并取得了良好的效果。

③ 其他可借鉴的做法实例

a. 南京夫子庙改造

明清以来，南京夫子庙地区是科举考生、文人雅士的游览地，这里曾经商贾云集，拥有大量的历史性建筑。南京市政府采用了保护整治与旅游相结合的方式，将夫子庙地区恢复为南京旅游和商业中心。经过多年的努力，该地区已经成为南京最具特色的民俗文化游览区（图9-3）。

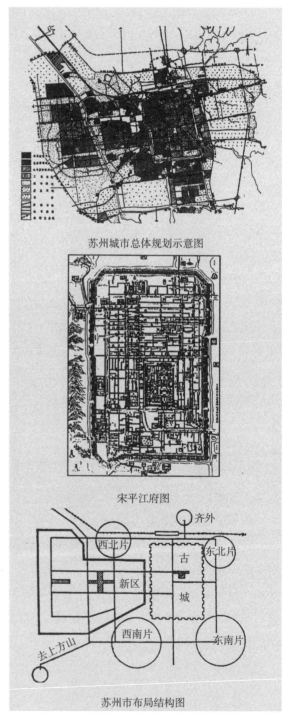

苏州城市总体规划示意图

宋平江府图

苏州市布局结构图

图9-1　上海老城厢环境分析—作者绘制

图9-2　苏州老城区域新城区的关系—《现代城市更新》

图9-3a　夫子庙现状—作者拍摄

图9-3b　夫子庙现状—作者拍摄

图9-3c 夫子庙现状—作者拍摄

图9-3d 夫子庙现状—作者拍摄

b．上海新天地改造

"新天地广场"地处上海旧城区历史保护区内，拥有最具代表性的石库门里弄住宅建筑群，街坊内空间布局反映了典型的里弄住宅建筑风格与浓郁的传统生活气息。上海"新天地"的改造模式是将历史街区的功能加以置换，即将居住建筑改造为商业建筑。改造过程中采用了保留建筑的外表、改变内部结构与使用功能的做法，并把原来的居民全部迁出，异地安置。上海"新天地"的做法为历史街区的改造和利用开辟了一条新的途径（图9-4、图9-5）。

综上所述，国内部分城市保护区整治、修缮的做法已趋于成熟，许多成功的案例值得我们借鉴。

图9-4a　上海新天地现状—作者拍摄

图9-4b　上海新天地现状—作者拍摄

图9-4c　上海新天地现状—作者拍摄

图9-5a　上海新天地—全景网

图9-5b　上海新天地夜景—全景网

二、改善北京四合院人居环境的总体思路

北京四合院是中国传统民居的典型代表，其住宅形制规范，建筑特色鲜明，文化底蕴厚重，在中国乃至世界的建筑文化发展史中拥有重要的位置。然而，随着时代的发展，北京四合院这种传统的住宅形式也显露出局限性，跟不上首都社会发展的步伐，传统街区失去了活力。

目前，北京正处于建设国际化大都市的关键时期，改善北京四合院人居环境是保护古都风貌、建设世界城市的重要环节。为了做好今后的工作，我们通过对基本情况的梳理，以《北京市总体规划》（2004～2020年）及相关规划为依据，提出了改善北京四合院人居环境的总体构想。

1. 指导思想

建立科学保护的发展观，以《北京市总体规划》（2004～2020年）及相关专项保护规划为依据，坚持"疏散、改善、修缮"的方针，按照"保护为主，有机更新，科学利用，统筹兼顾"的原则，推动胡同、四合院传统街区的保护与复兴工作，使北京四合院人居环境展现古都风貌，融入时代发展，弘扬民族文化，为建设北京文化之都、世界城市打下坚实的基础。

2. 基本原则

① 全方位保护的原则

全方位保护的原则包括对北京四合院物质环境和非物质环境的保护。物质环境方面：按相关保护规划，加强对胡同、四合院传统街区的保护，并对具有一定历史价值的建筑进行登录保护；非物质环境方面：应着手实施对与四合院有关的民俗、民间手工艺、原住民等方面的保护。

② 统筹保护与发展的原则

在保护的前提下，探索传统胡同、四合院街区复兴的途径，包括调整土地使用性质，调整产业结构，整合历史文化资源，理顺城市功能，做到"保护"为体，"发展"为用。

③ 改善民生的原则

对四合院街区的整治、修缮，应与改善居民居住质量相结合。包括积极推动人口疏散，妥善安置外迁居民，继续搞好"煤改电"、"燃改气"、修缮四、五类危房等民生工程。同时，对低收入家庭及特困家庭予以补贴，彰显人文关怀。

④ 社会参与的原则

鼓励社会参与保护区四合院的保护、整治、更新工作。探索多种融资渠道，扩大资金投入，建立长效机制，形成政府、单位、个人共同承担责任的工作格局。

⑤ 政策配套的原则

继续完善相关政策的配套，包括用地性质变更、产业调整、人口外迁、居民参与、非物质文化保护等，使各项工作持久、有序、完整。

3．相关措施

改善北京四合院人居环境是一项复杂的系统工程，涉及保护、整治、更新等多个环节。为了使未来的工作顺利开展，建议从政策层面和技术层面上入手，采取相关措施。政策层面的措施包括建立登录制度、调整产业结构、合理利用资源、妥善疏解人口、坚持有机更新、扩大参与程度等。技术层面的措施包括探索自助改善住房条件、完善市政与公共服务设施等。关于这方面的内容，后面将详细阐述。

第三节　政策层面应采取的措施

一、结合北京具体情况，探索建筑登录制度

国际上对历史建筑的保护分为指定（Designate）制度和登录（Register）制度。指定制度是对文物建筑的保护，登录建筑是对准文物建筑的保护。目前我国只有指定（文物保护）制度一种保护方式，而欧美各国多采用指定制度和登录制度并存的双重保护制度。登录制度扩大了文物保护的概念与范畴，将单一的文物保护提升到全面的历史环境保护。与文物建筑不同，被登录的建筑内部可以改建，使用上可以变更用途，如有特殊需要经严格审批，建筑物可以异地搬迁或拆除。从数量上看，被登录的建筑远多于被指定的文物建筑（一般前者为

后者的20～30倍），如英国被登录建筑约为50余万处，美国为60余万处。由于被登录的建筑数量多，保护的费用多由业主承担，国家给予一定的资助。

1．建立建筑登录制度的意义

北京正处于建设文化之都、世界城市的阶段，古都保护，旧城改造，经济增长，社会稳定，方方面面的工作集中反映在城市建设中，在北京实施建筑登录制度具有如下意义：

首先，建立登录制度有利于北京历史文化保护区四合院的整体保护。目前北京实行的一系列保护法规均属于宏观上的保护，对于单体建筑的保护执行的是国家《文物保护法》，现北京拥有各级文物保护单位900余个，建立登录制度可提高建筑保护的数量，弥补文物保护单位的不足，使北京历史文化保护区形成更为完整的保护体系。

其次，建立登录制度有利于保护区四合院整治、修缮工作的展开。近年来，北京历史文化保护区整治、修缮工作步履维艰。在整治、修缮过程中哪些建筑应该保护，哪些建筑应当修缮，哪些建筑可以拆除，没有相关法规依据。引入建筑登录制度可使保护区四合院整治、修缮工作有法可依，改变当前的被动局面。

此外，建立建筑登录制度有利于社会的稳定，避免"大拆大建"行为的发生。21世纪初，北京由拆迁引发的纠纷逐步攀升，涉及的官司上升至第三位，这种情况增加了社会不稳定因素。另外，旧城中"大拆大建"的做法已引起了国际上的关注。实施建筑登录制度有益于减少拆迁纠纷，同时在保护历史性建筑方面与国际接轨（图9-6）。

2．探索具有北京特色的建筑登录制度

2003年以后，北京市政府加大了对古都风貌的保护力度，有关方面出台了一系列的政策

A06 时事·聚焦 SPOTLIGHT ■2012年1月31日 ■星期二 ■责编 欧钦平 ■图编 周 民 ■美编 武晓智 ■责校 耿逐川 京华时报

2009年7月11日的梁林故居。**本报记者 欧阳晓菲 摄**

2012年1月28日的梁林故居。**新华社发**

梁林故居被拆 五大疑问待解

图9-6 被拆掉的梁林故居—京华时报2012年1月31日

图9-7a 保护院落—作者拍摄

图9-7b 保护院落—作者拍摄

法规，并对600余所四合院实行了挂牌保护（图9-7）。本质上说，挂牌保护院落是登录建筑的雏形，现结合国际通行做法与市情，探索在北京实践建筑登录制度的相关环节，具体内容如下。

①建筑普查

在分析史料、城市政策及相关规划的基础上，将具有一定历史价值的建筑物记录在册，并以此作为普查的重点。结合地形图对历史建筑所在地段的环境及相关情况进行记录，对单体建筑的年代、材料、层数、结构、面积、色彩等进行详细标注，并配以照片或测绘图。

②综合评价

由有关专家根据调查内容对建筑物进行评估，然后确定建筑物的保护等级，并制定综合评价报告。报告内容包括政策倾向、保护方法、利用方式等内容，为下一阶段登录建筑的资格认定提供指导文件，成果上报文物和规划部门审批。

③建筑登录的标准与资格认证

登录建筑的标准应考虑以下因素：与传统

历史文化、历史事件、重要人物有关的建筑；在类型、设计方面有特殊价值的建筑；新技术与新工艺的代表作；在规划方面有历史价值的街道、建筑群体；根据年代稀有程度判定，历史越久远，越具有保留价值。资格认定先由专家对普查、评估后的建筑进行筛选，将认定达到登录标准的建筑列入"预备清单"公开发表，听取各级政府及市民意见。若无异议，由文物部门认定，报政府审批，并通知建筑所有者或使用者（图9-8）。

④ 建筑登录的规划许可

规划许可的目的是防止再建项目对登录建筑的破坏。若在城市建设中确有需要，经规划部门许可，可以对登录建筑改建、扩建、拆除。其程序与现行建设项目审批过程相似，同时还应听取文物部门、专家及当地居民的意见，以作为决策的重要依据。

⑤ 登录建筑的保护与管理

由于登录建筑数量较多，政府不必投巨资予以保护。按国际惯例，保护的承担方为业主或使用者，政府可适当资助，或提供减免税收等优惠政策。在管理上如果所有者对登录建筑不进行维护，规划部门应向业主发出修缮通知，逾期不办者规划部门可通过法院判定管理不当，对该建筑进行收购拍卖处理。

3. 建筑普查实例

2006年初，民盟北京市委与民盟西城区委组成联合调查组，对原西城区内近现代优秀建筑进行了深入调查。共调查了原西城区近现代优秀建筑76处，其中27处被列为重点普查项目。以下为建筑普查实例，该调查借鉴了国外建筑登录制度的相关方法，可为四合院的普查工作提供参考。

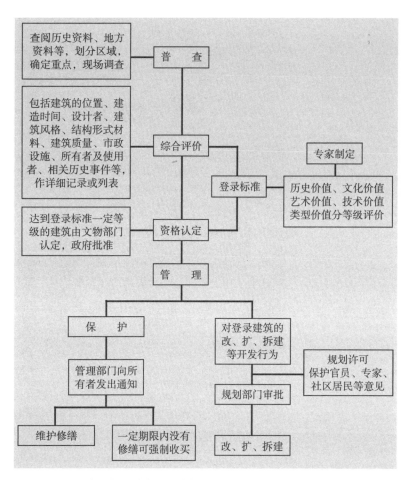

图9-8 登录制度程序表-作者绘制副本

户部银行（图9-9）

（1）建筑概要

· 现名：工商银行西交民巷储蓄所

· 原名：户部银行

· 地址：北京市西城区西交民巷甲25号

· 建造年代：1906年

· 设计者：不详

· 结构：地上一层，砖墙承重，木屋架

· 建筑面积：待测

· 调查日期：2006年4月

· 调查人：梁蕾（北京建筑工程学院2004级研究生）

图9-9　原户部银行—作者拍摄

（2）建筑始末

票号、钱庄和银行，为近代中国社会三大主要金融机构。票号和钱庄是中国土生土长的前资本主义金融机构，新式银行则是伴随着外国金融资本的入侵而出现的。对近代银行的研究，是中国近代建筑史研究中的重要内容。

1905年9月，户部奏准设立户部银行，是为政府创设银行之始。1907年户部改称"度支部"，户部银行亦于1908年7月改称"大清银行"。

宣统三年（1911年）闰六月二十四日，度支部因大清银行身为中央银行，"职务即重，规制自宜稍崇"，而"原有西交民巷房屋颇嫌狭隘，左右均系民居、铺户"，难于原地扩建，奏请拨户部街吏部旧署新建大清银行。此议虽准奏，但随着清王朝的被推翻而告吹。1912年8月大清银行改组为"中国银行"，仍沿用西交民巷原有建筑。

户部银行是中国政府创设的首家银行，因此在中国金融史上有重要地位。

（3）建筑评价

建筑样式属于清末兴建的、在中国传统建筑基础上受西洋建筑风格影响的早期折衷主义建筑。1912年后中国银行时期在原有建筑基础上改建的可能性较大。但其入口似仍为旧物，处理简洁古朴，显得可靠稳固，同银行的身份相称。此建筑造型独具特点，与同时期民宅入口处理有类似之处，但又比之庄重，为早期公共建筑所特有。门窗栏杆铁件造型考究。

（4）测绘图（待测）

· 平面图

· 屋顶平面图

· 主要立面图

· 主要剖面图

· 细部大样图

（5）相关建筑信息标注（略）

二、调整产业结构，合理利用资源，妥善疏解人口

1．改变用地性质，调整产业结构

北京是一座拥有800余年建都史的古老城市，最初的规划既反映了皇权的意志，又体现了封建的特征。随着时代的发展，北京旧城格局多次被调整，但以居住为主体的城市用地性质并未得到根本改变。

据调查，现北京旧城内33片历史文化保护区主要仍为居住用地，约占总用地的80%。其他用地有商业用地、文保单位用地、工业用

地、教育用地、办公用地等。从整合资源、适应城市发展的角度上看，应当对现有土地使用方式进行重新评估，部分居住用地、工业用地应改变其使用性质。为了增加传统街区的活力，应当鼓励在保护区内发展文化产业、传统商业和旅游业、高端小型办公业，鼓励发展功能混合区。

目前北京历史文化保护区没有关于改变土地使用性质和调整产业结构的相关规划，建议有关部门尽快着手这方面的工作。规划应以现行保护区相关规划为依据，根据北京城市发展的需要予以制定。

2．合理利用资源，适度开展旅游

近年来，以保护区胡同、四合院为载体的民俗旅游活动逐渐兴起。为了合理利用保护区旅游资源，对保护区定性分类，研究其利用的可能性具有现实意义。

通过对北京33片历史文化保护区的历史风貌、建筑特色、人文环境等方面进行综合分析，我们可以把保护区划分为传统商业保护区、传统胡同四合院保护区、近代建筑保护区、皇城保护区、寺庙建筑保护区，以及风景名胜综合保护区等六种类型。

传统商业保护区可与旅游购物相结合，突出老字号商店的传统风貌，形成各具特色的北京传统商业街。传统胡同四合院保护区可限时、限量地开展"胡同游"等旅游项目。近代建筑保护区可考虑将部分建筑作为博物馆对外开放。皇城保护区可作为一个完整的游览地区，开展综合旅游项目。寺庙建筑保护区可开展庙会及民俗旅游活动。风景名胜综合保护区为什刹海地区，现该地区旅游活动初具规模，远期可在此基础上形成以民俗游览为主题的综合旅游区（表9-1）。

北京旧城历史文化保护区定性分类及旅游利用可能性　　表9-1

定性分类	历史文化保护区	利用的可能性
传统商业保护区	大栅栏、鲜鱼口、琉璃厂东街、琉璃厂西街、五四大街、阜成门内大街	商业型旅游为主
传统胡同四合院保护区	西四北头条至八条、东四、北三条至八条、张自忠路北、张自忠路南、南锣鼓巷地区、北锣鼓巷地区	体验型旅游为主适当辅以商业和观光游览
近代建筑保护区	东交民巷地区	观光型旅游
皇城保护区	地安门内大街、景山东街、景山西街、景山前街、景山后街、南池子、北池子、南长街、北长街、文津街、陟山门街、东华门大街、西华门大街、皇城保护区	观光型旅游为主商业为辅
寺庙建筑保护区	国子监地区、法源寺地区	观光型旅游
风景名胜综合保护区	什刹海地区	观光型旅游体验型旅游

与此同时，我们还应做好以下几个方面的工作。

第一，做好保护工作

保护区内的旅游活动必须以保护作为前提条件，相关部门应规定旅游的规模与方式，适时、适度、适量地允许在保护区内开展旅游活动，协调好保护与利用的关系。

第二，做好规划工作

制定旅游规划是合理利用保护区人文景观资源的重要保障。旅游规划应以保护规划为依据，涉及目标、规模、功能、游览、保护等内容。

第三，制定管理法规

为了使保护区旅游市场规范化，建议有关部门结合本市情况制定保护区旅游及经营场所管理条例。立法内容可参照建设部《风景名胜区管理暂行条例》。

3．采取综合措施，妥善疏解人口

如前所述，改善北京四合院人居环境的难点在于疏解人口。

由于保护区四合院居民人口外迁需要巨额资金和充足安置房源作为保障，鉴于目前政府的财力有限，建议采取如下措施，妥善疏解人口。

①处理好"点"与"面"的关系

"点"上的工程指以"中轴线"为代表的一批重点项目，其影响大、任务重，政府需加大资金投入力度，以确保重点工程顺利实施。

其他保护区的修缮多属于"面"上的项目，可采用交道口"微循环"的模式渐进更新。在具体的措施上应灵活对待，对于院内少数不愿外迁的居民可集中在一个区域就地安置，其改造的资金缺口主要由投资人补偿，此项工作需政府、开发商、居民共同协商解决（图9-9）。

②理顺产权关系，活跃市场交易

"政府引导，社会改造"是保护区更新的长久之计，为此应理顺现有平房复杂的产权关系，推动平房产权私有化的进程，鼓励平房上市交易，让社会资金通畅流入。同时鼓励有条件的业主修缮房屋，对于公益性、非营利性的项目政府予以补贴。

③制定优惠政策，吸引社会资金

应制定相关优惠政策，吸引社会资金进入保护区，缓解保护区人口外迁和房屋修缮的资金压力。对于保护区保护与更新中非盈利项目，政府可采取优惠措施，如减免税收、低息贷款、政府补贴、开发权转移、区外项目优惠、保护区外土地容积率补偿等措施，鼓励社会力量参与保护区的保护与整治工作。

④划定专项用地，建设定向安置房

建议政府在五环周围划定专项用地，为保护区外迁居民提供生活方便、交通便利的定向安置房，用优惠的补偿政策和较好的居住环境吸引保护区居民外迁。此外，政府可对生活困难的家庭予以一定的补偿，帮助他们解决外迁后的实际问题。

⑤适当保留原居民

在保护区改造进程中，应适当保留老北京原住民，他们承传着老北京的民俗文化，属于

保护区应保护的"软件"环节。具体操作方法举例：一个原有10户人家的院落可考虑保留3户，迁出7户（保留和迁出比例视情况而定），新的院落产权人可将院落基地划分为两部分：一部分对保留的3户居民房屋加以改善；另一部分可建成高档的四合院住宅（图9-10）。

三、坚持有机更新，扩大社会参与，配套保障政策

1. 探索以院落为单位的小规模更新方式

从建筑形态上看，北京的旧城是一个可以拓扑形变的空间环境，城市最小的空间单元可归结为传统房屋的"间"，所谓"间"指房屋面宽方向的开间。"间"是组成房屋的基本单元，一个房屋多为三开间或五开间，房屋依宅基地的格局则组成院，院落的组合则形成坊（即街区），坊则是构成城市空间的最大单元。由此看来，间—房—院—坊—城市是一个空间形态上密切相关的有机体。理论上说，城市的更新，从间、房、院、坊任何一个要素入手都是可行的（图9-11）。

目前历史文化保护区的修缮、整治应以院落作为基本的单元，这是基于对多方因素的考虑所做出的选择。

首先，以院落为单位整治尊重了北京旧城的城市肌理，修缮后院落仍可保持旧城中胡同—四合院的空间形态，有利于保护传统街区风貌。

其次，现存的四合院有保存完好的，有保存一般的，也有质量较差的。在整治的过程中，采用以院为单元的方式，有利于根据不同情况区别对待。

此外，以院落为单位更新在实施中易于操作，资金投入量相对较少，对周边环境影响较小。

以院落为单位进行改造较为成功的实例是东城三眼井地区改造和交道口地区"微循环"改造模式，这些案例得到了政府、专家、居民较为一致的认可（图9-12）。

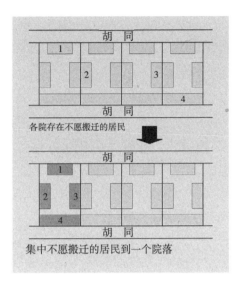

图9-9　调整方式图（将分散的不愿搬迁者集中）—作者绘制

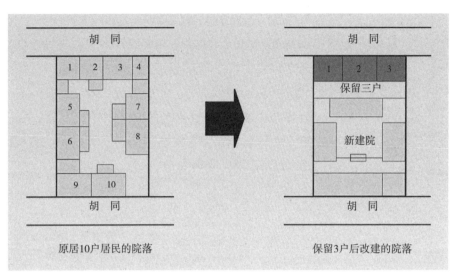

图9-10　调整方式图(保留原住民)—作者绘制

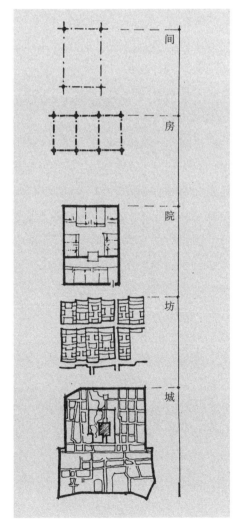

图9-11　间—坊的空间演变—《北京四合院》

图9-12　东城三眼井原街景—《北京历史文化名城北京皇城保护规划》

2. 探索"政府主导，社会参与"的改造方式

回顾北京历史文化保护区更新的历史，2003年以前是以房地产公司为主体进行操作，之后是以政府为主导进行运作。随着时代的发展，人们逐渐认识到历史文化保护区的保护与更新是一项公益事业，政府应当担负起重要的责任，包括保护街区风貌，修缮直管公房，改善市政基础设施，制定相关法规，改进居民居住质量，为外迁人口提供安置房等。由于保护区的工作艰巨而复杂，应当鼓励企业、单位、居民参与保护区四合院的保护与更新，形成"政府主导，社会参与"的工作格局。企业参与保护区的工作应当是微利或公益性的，其亏损部分可由政府补偿。具有产权的单位应负责对单位产权的房屋进行保护与修缮，私产房主也应对其所有的房屋进行保护与维修，政府可适当补贴。

3. 配套相关保障政策

① 地区倾斜政策

原崇文、原宣武两区是北京社会经济发展相对落后的城区，区政府的财政收入有限，无力投巨资在短期内解决保护区居民的住房问题。有关部门应考虑区域发展的不平衡性，在政策上向南城倾斜，在资金上予以扶持。

② 住房保障政策

由于历史原因，保护区中存在大量危旧房，建议政府采取补贴方式，帮助居民加固、修缮危旧房屋。同时，尽快完善住房制度，加大廉租房、经济适用房的投放量，适当提高外迁人口的补偿费用，使保护区居民尽快改善居住质量。

③ 经济保障政策

保护区居民是社会的弱势群体，建议政府对其中的低保户、残疾家庭和无就业能力的家庭提供相应的补贴。保护区的保护和整治是一项公益事业，可考虑对保护区内高盈利行业征收保护税，同时鼓励社会团体、民间组织及个人捐助，建立保护区基金，由专门机构管理，确保基金正当使用。

第四节 技术层面可采用的方法

一、过渡性改善住房条件的探索

应当指出，改善保护区四合院人居环境是一项长期工作，由于居民住房条件急需得到改善，研究过渡性措施具有一定的现实意义。自2003年起，政府就着手这方面的工作，诸如"煤改电"、"燃改气"、改造"低洼院"等，从多方面的实践来看，这是一项老百姓普遍满意的民生工程。为了继续做好此项工作，在此拟就技术上的可行性作进一步探讨。

1. 增加建筑使用面积

住房拥挤是四合院居民所面临的普遍问题，有关主管部门可以通过指导的方式，允许部分居民自助改造，尽可能增加建筑使用面积。但此种做法应满足相关条件：如房产为公产且房屋结构良好，改造后的房屋必须保持传统街区风貌等；改造时应由居民申报改造方案，获审批后方可实施。以下为三个增加建筑使用面积的方案。

① 利用前廊增加面积

北京四合院的正房、厢房通常都有前廊，房屋的门、窗及窗下坎墙位于金檩下方，如果将门、窗及坎墙外移至檐檩下方，房屋内的使用面积可以扩大，每"间"可扩大3m²左右（图9-13）。

② 利用屋架增加面积

北京四合院各房屋内一般都设天花，若将天花板拆除，利用屋架内部的空间可建阁楼，阁楼

可作为卧室，上下可用爬梯相连（图9-14）。

③利用地下空间

经相关管理部门严格审核，对符合安全条件的房屋可以考虑让住户利用屋内地下空间，改造需由专业设计单位和施工单位实施（图9-15）。

2．四合院内设卫生间

上厕所难是居民普遍反映的另一个问题，现四合院居民多数到胡同上厕所，上下班等高峰时段有排队现象，老人使用也很不方便，建议采用院内设卫生间的方法予以解决。

①院内设移动式卫生间

移动式卫生间在北京城市的街道、地铁、公园等公共场所被广泛使用，它具有产品尺度小、放置地点灵活等优点，可以根据具体情况放置在四合院内。但这种卫生间每日需清理，若能与市政污水管相连，则可降低使用成本（图9-16）。

②院内建固定式卫生间

现北京四合院多为大杂院，但某些院落仍有零星空地，因地制宜建小型公共卫生间仍具备条件。另外，可对愿意出让"抗震棚"的居民予以经济补偿，将回收的临建改为厕所（图9-17）。

3．其他方面的改善措施

①房屋结构

根据2000年编制的《北京旧城25片历史文化保护区保护规划》所作的调查，建筑结构质量较差和差的四、五类房屋占保护区总建筑面积的17%，约104.21万m²。鉴于政府的财力有

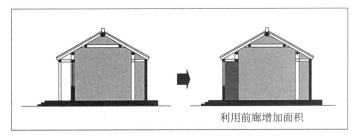

图9-13　利用前廊增加面积的方式—作者绘制

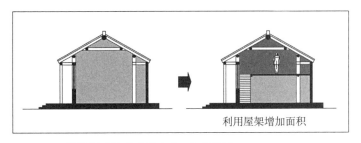

图9-14a　利用屋架增加面积的方式—作者绘制

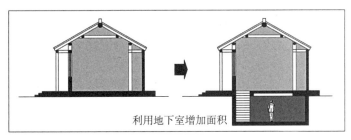

图9-15　利用地下室增加面积的方式—作者绘制

图9-14b　白塔寺地区居民自建阁楼—作者拍摄

图9-16 移动卫生间—作者拍摄

限，彻底消除四、五类危旧房需要一个过程。目前可采取临时性措施，如用型钢加固房屋结构，以消除房屋安全隐患。

②建筑保温

"煤改电"项目最初在西四北头条至八条试行，后在全市得到推广。根据我们对西四北头条至八条"煤改电"情况调查，尽管政府对"煤改电"进行财政补贴，但由于经济承受能力有限，部分居民白天关闭电暖器，导致冬季室内温度偏低。为了改善这种情况，可以采用在房屋墙体内侧加保温层和加双层窗的措施，提高室内保温性能。

③防潮与防漏

保护区内房屋潮湿现象较为普遍，个别房屋屋顶漏雨。以原宣武区法源寺地区为例，这里四、五类危旧房的比例高达30%，每逢雨季，许

图9-17a 固定卫生间—作者拍摄

图9-17b 居民自建厨房卫生间—作者拍摄

多房屋墙体潮湿，部分居民用塑料布等材料盖住屋顶，以防屋内漏雨。为了消除安全隐患，建议相关部门在调查的基础上，对有可能漏雨的屋面作防水处理，对潮湿的墙体可增设防潮层。

④ 通风

现保护区内多数四合院已变成"大杂院"，院内建筑密度高，空气流通性差，再加上传统四合院建筑多不设后窗，使居室内通风不畅。针对这种情况，可采用在房屋后墙设高窗的方法，改善室内通风条件（图9-18）。

⑤ 绿化

传统北京四合院内空地多，院内多植树、种草、支棚架，形成了良好的绿化环境。现四合院内临建多，无集中绿地，可采用竖向绿化的方式改善院内的绿化环境。

二、市政设施与公共服务设施的改善

1. 市政基础设施

从整体上看，保护区内市政基础设施陈旧，原有市政管线包括供水、雨水、污水、电力、电信等管线，多数地区没有燃气和热力管线。现借鉴相关经验提出以下建议。

① 铺设管线方面

在有条件的地段应完善市政基础设施。对于胡同较窄的地段应本着"有压让无压"的原则利用地下空间，采用竖向排列的方式铺设给水、雨水、污水、燃气、热力、强电、弱电等管线。对于胡同较宽的地段，可参考《北京旧城历史文化保护区基础设施规划研究》推荐的方式实施（图9-19）。

② 给排水方面

为了减少院内住户共用一个水龙头的现象，建议上水管线延伸到户，力争达到每户有一处独立的供水设施。雨水、污水的排放应采取雨污分流措施，对现有合流制排水系统进行改造。

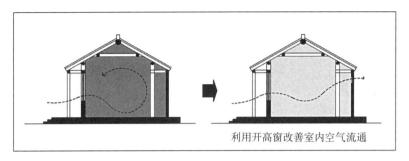

利用开高窗改善室内空气流通

图9-18　利用高窗通风—作者绘制

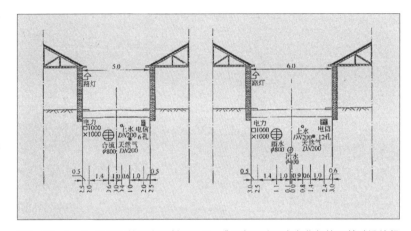

图9-19　5—6m宽胡同管线布置断面图示—《北京旧城历史文化保护区基础设施规划研究》副本

③ 电线电缆方面

建议电力、电信、网络线路通过综合管沟直通到户。对一些电力设施如路灯、电线杆、变电设备等，在满足使用的基础上应考虑美观因素，外观上应与保护区的整体风貌相协调。

④ 采暖方面

历史文化保护区部分住户采暖方式已由过去的燃煤改为用电，这种方式清洁安全，应予以推广。此外，可考虑利用太阳能作为辅助能源为居民供暖，或者在建筑物外墙铺设保温层，以提高冬季室内的温度（图9-20）。

⑤ 管道天然气方面

建议根据区域的实际情况进行改造，胡同较宽的地段可铺设天然气管线，胡同较窄的地段仍采用瓶装液化天然气（图9-21）。

图9-20a　四合院节能改造—作者拍摄

图9-20b　太阳能热水器—作者拍摄

图9-21　燃气壁挂炉—作者拍摄

2．公共服务设施

根据调查，娱乐设施、社区服务设施和学习社交设施是保护区需要完善的公共设施。娱乐设施方面，建议在每个居委会辖区内配置一处室外健身场所和一处室内活动室，以满足居民的需求。社区服务设施方面，建议每个居委会设置一个便民服务站，为弱势居民提供购物服务、生活服务、医疗保健服务。学习社交设施方面，建议每个居委会设置一个社区学校，为居民提供一个继续教育、就业培训、社会交往的场所。上述公共服务设施所需的空间，可通过收购个别居民院落的方式加以解决，拆迁、改造等相关费用由政府承担。

3．道路与停车

据调查，保护区内道路总长约100km，道路宽度小于5m的占51%，5m至7m的占26%，7m

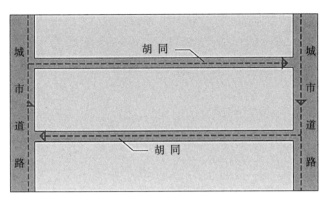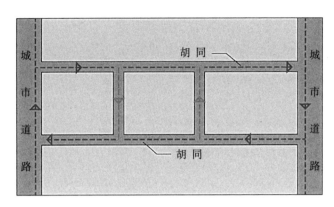

打通尽端胡同，在胡同区内形成环路，改善胡同内交通状况

图9-22　改善胡同交通状况图示—作者绘制

以上的占23%。从道路交通上看，道路宽度小于5m的胡同不适合机动车进入；5m至7m的胡同可供机动车单向行驶；大于7m的胡同可供机动车双向行驶。应尽量消除尽端胡同，拓宽瓶颈胡同，对于胡同之间的连接道路应尽可能拓宽，以形成环状的交通系统（图9-22）。

在停车方面，应通过利用一些废弃厂房及集中空地建地上、地下停车场，还可采用机械停车装置解决胡同停车难的问题。

三、相关设计案例

2011年夏，我们深入什刹海前海地区调查，以下为改善当地四合院人居环境所做的两个方案。

1. 居民自助改造模式——以南官房胡同8号院主房为例

① 现状分析

南官房胡同8号院位于金丝套地区东南部，靠近前海北沿。该院落占地面积650m²左右，共有两进院落，现存格局较为完整。院落内总建筑面积约345m²，现有住户12户，每户平均占有面积仅为28.75m²，人均居住面积不到15m²。该院落内的人均居住建筑面积远低于北京市政府制定的人均30m²的目标。以该院落内一进院主

房的住户为例，在仅39.8m²的三间房内共居住一家三口，其中本来就不大的客厅还必须放置一个沙发床，以解决面积不足的问题。另外，由于室内空间狭小，仅有北面有窗户，采光及通风都不好。整体来说，该住户的居住质量较差（图9-23）。

② 存在问题

该住户由于居住建筑面积不足带来了一系列问题，包括缺乏私密空间、没有会客就餐空间、缺乏储藏空间、存在安全隐患。另外室内采光及通风条件不佳，起居空间环境较差（图9-24）。

③ 改造策略

首先，可以利用屋架增加起居面积，明确生活功能的分区；其次，增加窗户改善采光与通风条件；最后通过改造加固原有房屋建筑结构。

④ 改造方案

该房屋为三开间的建筑，在其偏西两开间处的上方加建夹层，增加卧室及书房各一间。原有的客厅变成家庭起居室，作为起居、会客、就餐空间，这样东侧的厨房可适当减小面积，开辟出一定的空间改造成卫生间。此外在房屋南面墙壁

金丝套历史文化保护区

南官房胡同8号院

图9-23　南官房胡同8号院位置—作者绘制

地区公共交流活动空间相对较少，主要原因是机动车多，公共活动设施缺乏（图9-26）。

②存在问题

首先，该地区老人多，但缺乏老人活动的区域；其次，该地区没有专门的社区服务点，不能为居民提供便利的购物、健康咨询、生活咨询等服务；最后，街区内缺乏公共交流与活动的场所（图9-27）。

③改造策略

在金丝套地区的核心区域，选择一个规模适中的院落改造成社区服务中心。该中心提供生活咨询服务，增加活动室，为社区居民提供交流、娱乐、休闲的场所。同时，依据场地状况，布置室外健身设施。由于现有的建筑空间难以满足功能需求，该院落需要进行翻建。

④改造方案

将大金丝胡同与南官房胡同交汇处的四合院改造成社区服务中心，并利用西侧路边空地建室外健身场。该院落位于金丝套地区主要胡同的交界处，识别性强，容易到达。通过改造该院落，可布置生活咨询点、社区接待室、活动室（包括棋牌室、乒乓球室、视听室等）。整个改造项目包括房屋改造面积140m²，场地改造面积83m²。通过增加社区服务中心与活动场地可以提高该地区居民的生活水平（图9-28）。

⑤改造预算（按当时造价估算）

拆迁面积：136.5m²拆迁费：按8万/m²

拆迁资金：136.5m²×8万/m²=1092万

改造面积：建筑140m²，场地83m²

四合院改造综合造价：1200元/m²

活动场地改造综合造价：200元/m²

工程造价：140m²×1200元/m²+83m²×200元/m²=184600元

总投资：1092万+18.46万=1110.46万

上开高窗，一方面可增加采光，同时也使屋内南北通风，改善室内空气环境（图9-25）。

整个改造方案增加面积20.1m²，该户居民的人均居住面积达到20m²左右，并且增加了室内的独立卫生间，生活质量能得到较大的改善。

⑤改造预算（按当时造价估算）

增加面积：20.1m²

四合院改造综合造价：1200元/m²

总造价：20.1m²×1200元/m²=24120元

2.政府主导改造模式——以金丝套地区社区中心为例

①现状分析

金丝套地区位于什刹海核心区，为典型的传统四合院居住区域，该地区80.4%的院落为住宅，居住密度大，人口分布密集。根据居民反映，该

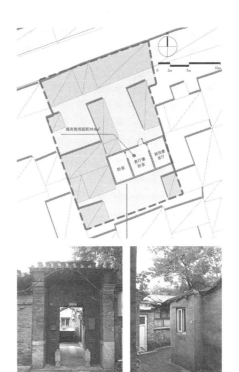

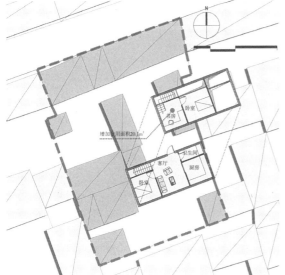

图9-24（上）　南官房胡同8号现状—作者绘制

图9-25（下）　南官房胡同8号改造方案—作者绘制

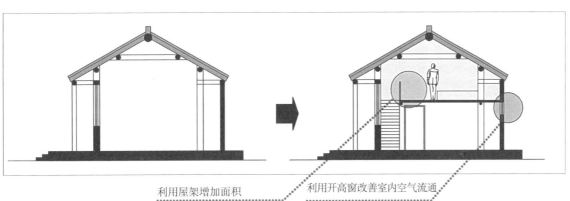

利用屋架增加面积　　　　利用开高窗改善室内空气流通

大金丝胡同22号院

金丝套历史文化保护区

图9-26（左）
社区中心（大金丝胡同22号院）位置—作者绘制

图9-27（下）
大金丝胡同22号现状—作者绘制

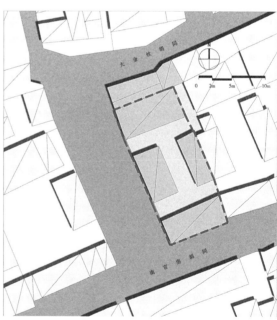

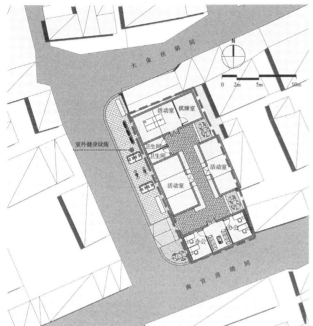

图9-28　社区中心改造方案一作者绘制

第五节　北京四合院前景展望

一、北京四合院发展趋势分析

预测学是一门综合性学科。古人预测讲究观天文、看地理、察民情。现代人预测依靠分析、统计，以探索事物发展的规律。这里重点就近年来影响北京四合院发展趋势的事件及相关因素进行梳理，以便较为准确地判断北京四合院的前景。

1. 南池子试点的"失"与"得"

南池子试点工程位于北京皇城内南池子大街东侧，历史上这里曾经是官署、仓储用地，后逐步演变成居住区。该工程于2002年8月启动，工程项目包括恢复了文物建筑普渡寺，拆除了200余个四合院院落，建成了由78栋2层仿四合院建筑组成的居住区。

2003年初，南池子试点工程引起了广泛的争议，甚至波及国外。赞成方认为：南池子保护区不是文物建筑，在协调古都风貌的前提下可以改造。反对方认为：南池子改造有违保护区规划，大规模"拆旧建新"是建造"假古董"。至2003年夏，反方意见形成主流，后联合国遗产委员会也对南池子试点提出了六点建议。

从历史的角度看，南池子试点工程有失有得，它失去了一些古老的四合院，得到了一次"认真讨论如何保护和利用北京古都的机会"（舒乙先生语）。通过这次讨论，加强古都风貌保护观念深入人心，同时为北京四合院整体保护工作提供了历史的契机。

2. 改造方式的探索

随着人们保护意识的提高，保护区四合院危旧房改造方式也由大规模的拆建转向小规模的修缮。2007年北京市政府提出了"疏散、改善、修缮"六字方针，即保护区的整治应妥善疏解人口，注重改善民生，修缮危旧房屋。此后各区政府探索了多种整治、修缮模式，包括交道口"微循环"模式，鲜鱼口草场地区"人户分离"模式，"煤改电"、"燃改气"民生工程，修缮四、五类危旧房屋，"迎奥"环境整治工程等等。另一方面，来自民间的探索也颇有新意，如什刹海"酒吧街"，南锣鼓巷"胡同游"，利用四合院办家庭旅馆、小型博物馆、旅游开放院等。

总之，上述实践尊重了街区的风貌，结合了城市的发展，改善了百姓的民生，并得到了社会广泛的好评，为未来北京四合院的发展提供了借鉴的经验。

3. 合理利用保护区土地资源

北京旧城承载着国家政治、文化、金融管理、对外交往、古都风貌保护等多种职能。随着社会发展，旧城也需要发展，但旧城用地极为紧张。

现以北京金融街为例：金融街位于旧城内阜成门至复兴门一带，1993年10月被国务院批准建设国家级金融管理中心。经过近20年的发展，金融街聚集了600余家全国性金融机构，90余家外资金融机构，2009年实现税收1707亿元人民币，占北京市税收总额的28.4%，以金融街为主体的西城区金融业金融资产规模近40万亿元人民币，占全国金融资产总额的47.6%，成为中国乃至世界最具影响力的金融管理中心之一。近年来金融街急需扩大办公及配套服务设施用地，但扩展空间有限。目前北京正编制新一轮的总体规划，如果金融管理中心仍考虑在原地调整，现实的选择是利用白塔寺历史文化保护区的土地资源。

白塔寺历史文化保护区位于金融街北侧，总占地面积约0.35km^2。由于历史的原因，该地区街区风貌衰败，三、四、五类危旧房屋高达70%，人口密度更是高达近3万人／km^2，为北京市平均人口密度的数倍。倘若将该地区合理利用，既可以保护街区风貌，又可以改善民生，还可以为金融街提供接待、商业管理、文化交流等配套服务空间。据悉，有关方面对白塔寺保护区合理利用进行了多年探索，研究成果以保护区规划为依据，较好地协调了"保护"与"发展"的关系，目前仍处于讨论阶段，未来有可能结合首都核心区定位的需求予以实施。

4．市场经济规律

20世纪末，随着国家福利分房政策的调整，中国的房地产业得到了迅速的发展。按市场经济规律分析，房地产价值的高低与区位、资源、购买力等因素密切相关。

北京是国家的首都，城市布局采用的是套环、放射线加卫星城的规划布局结构。位于二环内的旧城，不仅是国家政治、文化中心，还集中了全国最好的行政办公、金融管理、基础教育、医疗服务、文化设施等资源，目前北京房地产的价格以二环旧城最高，三环次之，四环、五环、六环依次递减。另一方面，由于历史原因，保护区内的居民整体上属于城市中低收入阶层，他们使用着城市最贵的土地。从市场经济规律上看，社会富裕将逐渐进入保护区，未来北京四合院将成为城市最为稀有的高档住宅。

5．其他相关因素

首先，是保护体系的完善。

目前北京市已形成了历史文化名城、历史文化保护区、各级文化保护单位三个层面的保护体系，相关政策法规为北京四合院保护提供了法律上的保障。

其次，是加大了资金投入。

近年来，市、区政府每年用于保护区的投入高达数十亿元人民币，未来还有加大资金投入力度的趋势。保护区街区风貌与环境质量的改善将加快步伐。

最后，是政策走向。

2012年北京市已把建设中国特色世界城市

定位发展目标，有关方面已把中轴线申报世界文化遗产列入议事日程，目前又处于京津冀一体化及建设北京文化之都的时代背景。据此，未来北京四合院将与时俱进，走向复兴。

二、北京四合院前景展望

1．关于北京旧城

20世纪50年代初，新中国在首都规划方案上产生了两种意见。苏联专家认为，首都的发展应利用原有城市设施，依托旧城进行建设，国家行政中心也应位于旧城。中国部分专家认为，由于旧城密度高，用地少，城市的发展应在西部开辟新区，这样既可以完整地保护旧城，又能够体现时代特色，这就是中国规划史上著名的"梁陈方案"。鉴于当时的形势，在"城内派"与"城外派"之争中，中央最终选择了前者。

历史进入了21世纪，经过30余年的改革开放，中国的国际地位与综合实力发生了巨大的变化。种种迹象表明，未来北京旧城有可能作为一个整体被完好地保存下来。

从行政区划上看，2011年6月中央批准了北京市政府关于行政区划调整的申请，将旧城内原东城、西城、崇文、宣武四城合并为新的东城区和西城区，合区的目的之一就是加强北京古都风貌保护。随着形势的发展，未来北京旧城内行政区划有可能进一步调整，形成一个独立的首都核心功能区。

从旧城发展上看，按照《北京市总体规划》（2004～2020年）目标，旧城发展应以保护风貌、疏解人口、调整产业为主，进一步发挥首都核心功能作用。现旧城城市承载能力趋于饱和，在建项目的审批极为严格，旧城内1/3以上的用地为文物保护单位和历史文化保护区用地。目前，京津冀协同发展规划已上升为国家战略，北京城市副中心——通州新城正在加快建设，未来北京城市综合实力将位于世界大城市的前列，这些因素有利于北京旧城整体保护。

从保护趋势上看，世界著名历史文化名城如伦敦、巴黎、博洛尼亚等都将旧城中心地区进行整体保护，并配套相关法规。我国的苏州、平遥等城市也将旧城部分整体保护，城市的发展重点在新城区。上述成熟案例可为北京提供借鉴经验。

总而言之，北京旧城整体保护将由最初的理想逐步转变为现实，这为未来北京四合院的发展提供了宏观的背景。

2．关于历史文化保护区

北京历史文化保护区多为明清北京传统街区，至今仍保留着古老的胡同，喧闹的街市，质朴的院落以及老北京人的生活。随着时代的发展，城市的更新，未来北京历史文化保护区也将不断地调整。

先说说保护。北京旧城现有33片历史文化保护区，由于各保护区的情况各异，对它们的保护有可能采用不同的方法。据悉，近期有关方面已启动旧城中轴线申报世界文化遗产工作，未来北京城内，特别是中轴线附近的保护区将实施更为严格的保护措施，其他地区的保护区有可能作为风貌协调区准予整治、更新。

再谈谈利用。未来北京历史文化保护区的利用将形成"一轴，两片，多点"的空间格局。一轴指旧城中轴线，位于中轴线两侧的鲜鱼口、大栅栏、景山周边、什刹海、南锣鼓巷等将建成具有老北京特色的民俗文化旅游带。两片指内城东、西两侧：东片的东四北至国子监地区将发展为文化产业区；西片的阜成门内大街及西四北地区将成为高档的金融管理配套服务区。多点主要指位于内城的历史保护区，各保护区内将修建更多的四合院会馆、四合院高档住宅。

还有整治方式。位于重要地带的历史文化保护区在整治方式上将采用"小规模、渐进式、原风貌"的方法予以修缮，保护区内的原有建筑大部分将被保留。其他地区的历史文化保护区将以保持街区风貌的方式予以整治，部分与传统风貌不符及三、四、五类危旧房屋将被修缮、整治、更新。

可以肯定，未来保护区的保护、利用、整治方面将有所调整，将与时俱进，这为未来北京四合院的发展提供了街区的背景。

3．关于北京四合院

前面已就北京旧城历史文化保护区的前景进行了阐述，下面让我们看看北京四合院的发展趋势。

第一，北京四合院将逐步演变成高档住宅。

20世纪20年代，美国城市生态学家欧内斯特·伯吉斯曾提出了一个著名的"城市同心圆假说"。假说认为，居民收入多少与居住地距城市中心远近成反比，即高收入者居住在郊区，中等收入者居住在近郊，低收入者居住在城市中心，战后美国大城市的发展证实了这种推测。然而，世界多数地区大城市的情况与美国不同，城市中心是权力与财富的中心，受市场经济规律影响，城市中心地区地价远远高于郊区，富裕阶层也多居住在城市中心，如英国伦敦、日本的东京、中国的香港等。

与世界多数大城市一样，北京城市优质资源集中在城市中心区，住宅价格呈现出中心高、外围低的规律，未来城市富裕阶层多居住在二环、三环地区，城市中等收入者多居住在四环、五环地区，城市普通收入者将居住在六环及尚未建成的七环地区。位于城市核心地区的四合院将成为富裕者投资、居住之地，逐步被改造成独家独院式的豪华传统四合院住宅。

第二，北京四合院将向多用途方向发展。

随着北京旧城城市功能的调整，部分北京四合院将向多功能、多用途方向发展。

一是文化类建筑。包括观演厅、展览馆、会所等建筑。以会所为例，由于旧城属首都核心功能区，地缘、人脉、信息等方面具有特殊的优势，外埠重要单位、企业、公司等将更多地选择利用四合院建会所，与旧时会馆类似，未来的会所将作为政务、商务、办公、住宿、联谊的场所。

二是商业类建筑。如前所述，旧城中轴两侧的保护区将形成老北京民俗文化旅游带，保护区内的四合院也将被更多地改造成为旅游服务的商业设施，如商店、饭馆、旅店、酒吧、茶室、老字号特色店等。

三是小型办公类建筑。随着北京旧城功能的调整，部分保护区内的四合院将被改建成信息、咨询、策划、公关、会展、交易等高档小型办公类建筑，为首都核心区定位与作用服务。

第三，北京四合院将被更加完好地保存下来。

首先是对建筑的保护。21世纪以来，北京市政府加大了对四合院的保护力度，包括出台了相关法规，增加了资金投入，完善了配套设施，北京四合院状况大为改观。目前北京市拥有四合院各级文物保护单位、建筑普查项目、挂牌保护院落1000余所，随着国家保护制度逐步与国际接轨，未来北京四合院的保护数量会有所增加，保护方法会更加完善，保护法规会更加健全。

其次是对文化的保护。国际上对历史建筑的保护，从最初的对单体建筑的保护发展到对建筑的文化与环境的保护，正如《威尼斯宪章》指出：历史文物建筑的概念"不仅包括单个建筑，而且包括能够见证某种文明、某种有意义的发展或某种历史事件的城市或乡村环境"。目前市、区政府相关部门已采取措施，加强了对老北京优秀传统文化的保护，包括对北京四合院的历史、民俗、艺术等方面的保护。随着工作的深入，未来北京四合院文化的保护将更加完善。

最后是对居民的保护。

20世纪70年代，意大利博洛尼亚提出了旧城保护要"把人和房子一起保护起来"，这种理念后被国际社会广泛认可。北京的情况与博洛尼亚有所不同，但可以借鉴相关经验，在旧城人口外迁的工作中，应适当保留部分四合院原住民，他们是老北京传统优秀文化的传承者，是古都风貌保护的一个组成部分。如果上述构想能够实现，未来北京四合院传统街区将向世界全景展示老北京的建筑、老北京的文化和老北京的生活。

综上所述，未来北京四合院将具有档次高、用途多、保护好的发展趋势，相信在中央及北京市相关部门的领导下，经过全社会的共同努力，北京四合院明天会更美好！

基础资料汇编

一、北京市旧城区非文物四合院挂牌保护院落名单

为了保护旧城内的北京四合院，2002年起，北京市文物局对北京旧城内千余所四合院进行

了调查，2003年选出658处有一定历史价值、科学价值、艺术价值的四合院予以挂牌保护，这些院落总体保存完好，是研究北京四合院的重要实证，具体名单如下表。

1. 原西城区

西城区四合院挂牌保护院落名单

续表

序号	所在街道	胡同名称	门牌号码	小计
1	二龙路（合计47）	东铁匠胡同	8、9、11、甲15、19、21	6
2		参政胡同	10、12	2
3		新文化街	39、135	2
4		温家街	1、3、5	3
5		手帕	22、26、30、77	4
6		众益胡同	5（新华社地）	1
7		圆宏胡同	1、5	2
8		光彩胡同	4、5、39、27	4
9		石灯胡同	10、13	2
10		永宁胡同	25、37、39	3
11		天仙胡同	3	1
12		东太平街	20、27、37、38	4
13		受水河胡同	22、16、14、36、51	5
14		头发胡同	44、50、55、56、57、63	6
15		文昌胡同	7、17	2
16	丰盛（合计11）	兵马司胡同	15	1
17		阜内大街	243、245	2
18		敬胜胡同	10、14、16	3
19		砖塔胡同	66、72	2
20		大院胡同	27、31	2
21		四道湾	4	1
22	厂桥（合计47）	白米北巷	7、11	2
23		小拐棒胡同	8、10、14、17、19	5
24		大红罗厂南巷	11、15、5、7、20	5
25		西四北大街	194、200	2
26		地西大街	149、151、155	3
27		兴华胡同	19、25、27、29、30	5
28		延年胡同	21(德内东侧)	1
29		尚勤胡同	21(德内东侧)	1
30		护国寺街	19、21	2
31		正觉胡同	1、23	2
32		航空胡同	3、7	2
33		小杨家胡同	2	1
34		大杨家胡同	6、8	2
35		前铁匠胡同	13、15、17	3
36	厂桥	五福里胡同	1	1
37		棉花胡同	48	1
38		后毛家湾	13、50	2
39		中毛家湾	49、47、51、53	4
40		大拐棒胡同	27、37、45	3
41	西长安街（合计14）	石板房胡同	22、24、28	3
42		大六部口	14、20（美术馆选址）	2
43		后达里	40（互助巷47号）	1
44		博学胡同	甲2	1
45		西黄城根南街	44	1
46		东中胡同	31、33	2
47		东新帘子胡同	35	1
48		前门西大街	51	1
49		西交民巷	110	1
50		东绒线胡同	74	1
51	新街口（合计31）	鸦儿胡同	46、54、61、33、35、37、47、49、51	9
52		板桥头条	17	1
53		板桥二条	15	1
54		光泽胡同	30、31	2
55		德内大街	266	1
56		后海北沿	15、24、乙17、丙17、26、27、38、47、48	9
57		后海夹道	1	1
58		水车胡同	8、10	2
59		西海东沿	10	1
60		西海南沿	46	1
61		西海西沿	18	1
62		西海北沿	25、26	2
63	福绥境（合计4）	宫门口西岔	27	1
64		宫门口横胡同	2	1
65		宫门口头条	45、47	2

2．原东城区

东城区四合院挂牌保护院落名单

续表

序号	所在街道	胡同名称	门牌号码	小计
1	交道口（合计101）	大兴胡同	1、7、19、71、73、75、79、30、24、22、18、69、81、83、34、28、26、8、2、6	20
2		中剪子巷	3、7、9、11、21、29	6
3		府学胡同	51、53、28、34、45、12、14、55、57、26、29	11
4		白米仓胡同	1、7、9、39、43、22、41、37、31、27、10	11
5		东旺胡同	5、7、9、1、3、13、15、17、33、35、37	11
6		文丞相胡同	14、7、10、6、4、甲12	6
7		桃条胡同	7、13、10、8	4
8		炒豆胡同	31、39、63、67、69	5
9		香饵胡同	98、6、10、16、18、84、88、92、94、146、148	11
10		细管胡同	21、45、51、33、57	5
11		北剪子巷	8、1、3、22、35、64	6
12		花梗胡同	25、3、19、2、18	5
13	景山（合计65）	嵩祝院西巷	1、4、5、6	4
14		横栅栏胡同	3、7、6、4	4
15		三眼井胡同	1、5、19、27、29、87、26、54	8
16		南吉祥胡同	11、13、15、甲17、甲2、5、17	7
17		魏家胡同	21、37、39、57、59、26、33、41、43、45、63、24、36、40、42	15
18		汪芝麻胡同	49、53、56、35、45、59	6
19		协作胡同	18、46、张自忠路6号后门	3
20		育群胡同	17	1
21		什锦花园胡同	12、14、16、18、20、27	6
22		钱粮胡同	6、28、30、32、40、42、44、46、50、56、62	11
23	北新桥（合计33）	戏楼一巷	1-39、2-43建筑群	2
24		戏楼二巷	1-31、2-10建筑群	2
25		藏经馆	2-52建筑群	1
26		石雀胡同	13	1
27		板桥胡同	15	1
28		辛寺胡同	23、29、31、13、27、14、18、22	8
29		东四十三条	79、81、83、91、97、101	6
30		东四十四条	65、75、91、106	4
31		西仓门胡同	7	1
32		九道弯胡同	7	1
33		八宝坑胡同	63、65	2
34		东四十二条	27、39、53、28	4

序号	所在街道	胡同名称	门牌号码	小计
35	安定门（合计1）	大经厂胡同	23	1
36	朝阳门（合计120）	演乐胡同	3、7、21、25、43、45、59、79、81、83、89、91、10、40、66、72、86、92、11、13、41、49、57、61、63、73、75、8、46、68、90、94、104、106、108、110	36
37		灯草胡同	5、21、23、25、27、35、37、10、12、54、58、19、33、39、41、2、4、6、8、24、26、30、34、36、38、40、42、44、52、56、60、62	32
38		礼士胡同	5、7、11、15、43、61、63、125、127、131、16、20、46、48、50、52、58、60、62、135、137、139、141、159、24、66、68、72、74	29
39		北竹竿胡同	38号旁门	1
40		新鲜胡同	65、71、36	3
41		史家胡同	5、11、21、23、27、33、35、39、8、12、45	11
42		西罗圈胡同	1	1
43		内务部街	39、67、27	3
44		红岩胡同	17、甲19	2
45		东花厅胡同	22、28	2
46	建国门（合计15）	干面胡同	13、33、49、61、14、20	6
47		东石槽胡同	15、17	2
48		东布总胡同	55、57、58、21、32	5
49		盛芳胡同	99	1
50		南小街	439	1

3．原宣武区

宣武区四合院挂牌保护院落名单

序号	所在街道	胡同名称	门牌号码	小计
1	大栅栏（合计62）	茶儿胡同	10、17、31、33、35	5
2		煤市街	77	1
3		掌扇胡同	15	1
4		炭儿胡同	19、22、24、26、38、6、17、23	8
5		沿寿挂街	108	1
6		施家胡同	26	1
7		耀武胡同	11	1

序号	所在街道	胡同名称	门牌号码	小计
8		笤帚胡同	31、3、5、19、22、29	6
9		（合计62）	50	1
10		东北园北巷	7、9、2、4、6、8	6
11		东北园南巷	10	1
12		大安澜营胡同	13、22	2
13		甘井胡同	8、15、17、20、27、28	6
14	大栅栏	湿井胡同	31	1
15	（共计62）	前门西河沿街	213、215	2
16		余家胡同	13、14、31、37	4
17		刘家胡同	1	1
18		东南园胡同	5	1
19		排子胡同	36、38	2
20		培智胡同	15、17、21、33	4
21		培英胡同	12、22、25、29	4
22		扬威胡同	9	1
23		鹞儿胡同	5、15	2
24		七井胡同	5、10、19、23、35	5
25	牛街（合计8）	烂漫胡同	125	1
26		教子胡同	18、16	2
27	陶然亭	南横东街	39	1
28	（合计4）	粉房琉璃街	63、65、79	3
29		永内大街	91	1
30		永内西胡同	1	1
31	天桥（合计9）	铺陈市胡同	115	1
32		校尉营胡同	5、14、甲14、8、16、36	6
33		前孙公园胡同	25、27	2
34	椿树（合计7）	魏染胡同	27、29	2
35		红线胡同	13、15、17	3
36	广安门（合计1）	广安门内大街	299	1

4.原崇文区

崇文区四合院挂牌保护院落名单

序号	所在街道	胡同名称	门牌号码	小计
1	崇文门外（合计1）	花市上头条	37	1
2	体育馆路（合计9）	东利市营	14、16、18、9、11、12、24、33	8
3		石板胡同	34	1

序号	所在街道	胡同名称	门牌号码	小计
4		西打磨厂街	46、210、212、218、222、45、155、211、213、215	10
5		好景胡同	33	1
6		銮庆胡同	30	1
7		南芦草园	7、9、11、12、22	5
8		群智巷胡同	29、31、33、35	4
9		珠市口东大街	157、159、161、163、165、167、183	7
10	前门（合计68）	薛家湾胡同	24、26、28、30、32、46、48、50	8
11		北芦草园	52	1
12		中芦草园	15	1
13		得丰东巷	21	1
14		大江胡同	138、140、142、144、146	5
15		小江胡同	1、2、4、6、8、10、12、14、16、18、20、22、24、26、28、30、32、38、3、9、甲11、13、15	23
16		布巷子	20	1
17	天坛（合计2）	苏家坡胡同	45、59	2

二、部分与保护区人居环境相关的政策法规

近年来，政府相继出台了一系列涉及北京四合院人居环境的政策法规，现将部分文件名称摘录如下表。

北京四合院人居环境政策法规部分文件名摘录

序号	文件名称	发布单位	发布时间
1	《北京旧城25片历史文化保护区保护规划》	北京市规划委员会	2001年3月
2	《北京历史文化名城保护规划》	北京市人民政府	2002年4月
3	《关于加强危改中的"四合院"保护工作的若干意见》	北京市建委	2002年8月
4	《中华人民共和国文物保护法》	中华人民共和国主席令第76号	2002年10月
5	《北京皇城保护规划》	北京市规划委员会	2003年4月
6	《北京城市总体规划（2004—2020年）》	北京市人民政府	2004年
7	《关于加强北京旧城保护和改善居民住房工作有关问题的通知》	北京市委、市政府	2004年4月

续表

序号	文件名称	发布单位	发布时间
8	《关于鼓励单位和个人购买北京旧城历史文化保护区四合院等房屋的试行规定》	北京市国土房管局 北京市地方税务局	2004年4月
9	《北京历史文化名城保护条例》	北京市人民政府	2005年5月
10	《关于落实2008年奥运会前旧城内历史风貌保护区整治工作的指导意见》	北京市经济适用住房建设、危旧房改造和古都风貌保护领导小组办公室	2007年

三、部分研究北京四合院相关书目汇编

20世纪80年代以来，学术界出版再版了许多与北京四合院相关的学术著作，这些对研究北京四合院具有重要的参考价值，现摘录如下。

（1）侯仁之.历史上的北京城.北京：中国青年出版社，1980

（2）金受申.北京的传说.北京：北京出版社，1981

（3）（明）张爵.京师五城坊巷衚衕集.北京：北京古籍出版社，1982

（4）（清）朱一新.京师坊巷志稿.北京：北京古籍出版社，1982

（5）吴长元.宸垣识略.北京：北京古籍出版社，1981.2

（6）（清）于敏中等.日下旧闻考（1-8册）.北京：北京古籍出版社，1981.10

（7）（清）震钧.天咫偶闻.北京：北京古籍出版社，1982.9

（8）（明）沈榜.宛署杂记.北京：北京古籍出版社，1982.12

（9）（元）熊梦祥.析津志·析津志辑铁.北京：北京古籍出版社，1983.9

（10）（日）多田贞一.北京地名志.张子晨译.北京：书目文献出版社，1986.4

（11）北京市公安局.北京街巷名称汇编.北京：北京出版社，1986.8

（12）金寄水，周沙尘.王府生活实录.北京：中国青年出版社，1987

（13）（日）松元民雄.北京地名考.北京：青叶出版社，1988

（14）北京市文物管理局.北京风景名胜古迹词典.北京：北京燕山出版社，1989

（15）北京百科全书，北京：奥林匹克出版社.1990

（16）张清常.胡同及其他——社会语言学的探索.北京：北京语言学院出版社，1990

（17）陈文良.北京传统文化遍览.北京：北京燕山出版社，1992

（18）翁立.北京的胡同.北京：北京燕山出版社，1992.1

（19）陆翔，王其明.北京四合院.北京：中国建筑工业出版社，1996.3

（20）程小玲.胡同九十九.北京：北京出版社，1996.10

（21）邓云乡.文化古城旧事.北京：中华书局，1997

（22）曹子西.北京通史1-10卷.北京：中国书店，1997

（23）姜纬堂.北京城市生活史.北京：开明出版社，1997

（24）张清常.北京街巷名称史话——社会语言学的再探索.北京：北京语言文化大学出版社，1997

（25）赵治忠.北京的王府与文化.北京：北京燕山出版社，1998

（26）侯仁之，邓辉.北京城的起源与变迁.北京：北京出版社，1998

（27）白鹤群.老北京的居住.北京：北京燕山出版社，1999

（28）王其明.北京四合院.北京：中国书店，1999

（29）侯仁之.北京城市历史地理.北京：北

京燕山出版社，2000.5

（30）马炳坚.北京四合院建筑.学苑出版社，1999

（31）北京市规划委员会.北京旧城25片历史文化保护区规划.北京：北京燕山出版社，2002.10

（32）王彬，徐秀珊.胡同与门楼.北京：中国文联出版社，2002.12

（33）杨大洲.信步胡同.北京：华文出版社，2003,1

（34）翁立.北京的胡同.北京：北京图书馆出版社，2003.4

（35）高巍.四合院.北京：学苑出版社，2003.7

（36）翁立.北京的四合院与胡同——北京览胜丛书.北京：北京美术摄影出版社，2003.9

（37）田迎五.串胡同会名人.北京：北京出版社，2003.9

（38）于润琦.文人笔下的旧京风情.北京：中国文联出版社，2003.10

（39）王军.城记.北京：生活·读书·新知三联书店，2003

（40）王彬.北京街巷图志.北京：作家出版社，2004.1

（41）朱耀廷.北京的四合院与名人故居.北京：光明日报出版社，2004.9

（42）（韩）崔敬昊.北京胡同变迁与旅游开发.北京：民族出版社，2005.1

（43）傅公钺.北京老街巷.北京：北京美术摄影出版社，2005.4

（44）北京规划局.北京旧城胡同系统空间形态的保护与发展研究.北京：清华大学出版社，2005.5

（45）浩力.北京老巷.北京：社会科学文献出版社，2006.1

（46）张清常.北京街巷名称史话（修订本）.北京：北京语言学院出版社，2006.1

（47）华孟阳.老北京的生活.北京：山东画报出版社，2006.6

（48）萧乾.老北京的小胡同.上海：上海三联出版社，2007.1

（49）王彬.胡同九章.北京：东方出版社，2007.1

（50）段柄仁.北京胡同志.北京：北京出版社，2007,4

（51）刘岳.名人与胡同.北京：中共党史出版社，2007.5

（52）罗哲文、李江树.老北京.河北：河北教育出版社，2007.5

（53）北京市规划委员会.北京历史文化名城保护规划.北京：中国建筑工业出版社，2007.5

（54）王越.破解北京胡同之谜.北京：中国旅游出版社，2008

（55）肖启明.北京的胡同自助游.广西：广西师范大学出版社，2008.1

（56）杨茵，施舜.胡同的记忆.北京：中国民族摄影艺术出版社，2008.1

（57）施舜.北京胡同.北京：中国民族摄影艺术出版社，2008.1

（58）吴汾，匡峰.逝去的胡同.北京：东方出版社，2008.1

（59）谭娜.留住最后的北京地名.北京：北京科技报，2008.1

（60）刘宝全.北京胡同.北京：中国旅游出版社，2008

（61）贾珺.北京四合院.北京：清华大学出版社，2009.5

（62）尼跃红.北京胡同四合院类型与研究.北京：中国建筑工业出版社，2009.8

（63）业祖润.北京民居.北京：中国建筑工业出版社，2009.12

四、北京西城区近现代建筑登录调查表

2006年初，本人指导北京建筑大学研究生梁蕾同学，对原西城区内近现代优秀建筑进行了深入调查。共调查了原西城区近现代优秀建筑76处，其中27处被列为重点普查项目，现将调查的部分内容摘录如下表。

西城区近现代建筑登录调查表

编号：01 建筑物现在名称：工商银行西交民巷储蓄所 原有名称：户部银行 地址：西交民巷甲25号 建成时间：1906年 历史价值：为中国政府创设的首家银行，在中国金融史上有重要地位。其建筑样式属于早期折中主义建筑 保存现状：现有建筑可能为1912年后改建，入口似仍为旧物，保存完好		编号：05 建筑物现在名称：住宅 原有名称：不详 地址：西交民巷26号 建成时间：不详 历史价值：清末"洋风"建筑代表 保存现状：建筑主体良好，广告牌遮挡建筑原貌	
编号：02 建筑物现在名称：宅门 原有名称："静山堂邓"宅门 地址：光明胡同35号 建成时间：不详 历史价值：西洋式门楼 保存现状：建筑细部保存较完整		编号：06 建筑物现在名称：住宅 原有名称：不详 地址：北新华街80号 建成时间：不详 历史价值：清末"洋风"建筑代表 保存现状：主体结构尚存，细部损坏严重	
编号：03 建筑物现在名称：宅门 原有名称：宅门 地址：头发胡同25号 建成时间：不详 历史价值：西洋式门楼 保存现状：建筑下部损坏，细部亦有损坏		编号：07 建筑物现在名称：住宅 原有名称：住宅 地址：北新华街40–48号 建成时间：不详 历史价值：20世纪初西式住宅 保存现状：主体 结构完整，外部粉刷，损坏原貌	
编号：04 建筑物现在名称：住宅 原有名称：不详 地址：西交民巷32号 建成时间：不详 历史价值：清末"洋风"建筑代表 保存现状：建筑整体良好，局部损旧		编号：08 建筑物现在名称：北京医科大学人民医院 原有名称：中央医院 地址：阜内大街133号 建成时间：1917年 历史价值：西方建筑的细部 保存现状：良好	

编号：09
建筑物现在名称：北京市半导体
器件研究所
原有名称：中国神召会
地址：西四北大街93号
建成时间：1917年
历史价值：中国早期基督教建筑
保存现状：建筑主体及细部良好，
广告牌遮挡原貌

编号：10
建筑物现在名称：百万庄小区
原有名称：百万庄住宅区
地址：百万庄大街
建成时间：1953年
历史价值：体现苏联规划思想影
响，是北京居住建筑集中成片规
划的开始
保存现状：私搭乱建房屋多，原
建筑基本保持原状

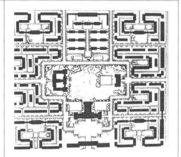

编号：11
建筑物现在名称：北京展览馆
原有名称：苏联展览馆
地址：展览馆路北端
建成时间：1954年
历史价值：苏联援建项目，建筑
有俄罗斯式的民族形式，是当时
造价最高的建筑
保存现状：良好

编号：12
建筑物现在名称：中央广播大厦
原有名称：北京广播大厦
地址：西长安街
建成时间：1958年
历史价值：苏联援建项目，具较
浓的苏联建筑韵味
保存现状：良好

编号：13
建筑物现在名称：人民剧场
原有名称：人民剧场
地址：护国寺街74号
建成时间：1954年
历史价值：新中国建国后在北京
兴建的第一座大型剧场，民族形
式建筑的优秀实例
保存现状：良好

编号：14
建筑物现在名称：四部一会办公楼
原有名称：四部一会办公楼
地址：月坛南街38号
建成时间：1955年
历史价值：新中国成立后第一批民
族形式建筑中较具代表性的作品
保存现状：良好

编号：15
建筑物现在名称：北京儿童医院
原有名称：北京儿童医院
地址：复兴门北大街
建成时间：1954年
历史价值：脱开传统大屋顶建筑
探索中国现代建筑的优秀实例
保存现状：原貌基本改变

编号：16
建筑物现在名称：北京电报大楼
原有名称：北京电报大楼
地址：西长安街西单路口北
建成时间：1958年
历史价值：反"复古主义"的优
秀实例
保存现状：良好

编号：17
建筑物现在名称：全国政协礼堂
原有名称：全国政协礼堂
地址：太平桥大街
建成时间：1955年
历史价值：同时具有西洋古典的
韵味和中国传统的细部
保存现状：良好

编号：18
建筑物现在名称：北京天文馆老馆
原有名称：北京天文馆
地址：西直门外大街南侧
建成时间：1957年
历史价值：北京第一座天文馆，
也是西方古典建筑韵味与中国传
统建筑细部相结合的优秀实例
保存现状：良好

编号：19
建筑物现在名称：人民大会堂
原有名称：人民大会堂
地址：天安门广场西侧
建成时间：1959年
历史价值：世界上最大的会堂建筑，国庆十周年十大工程之一
保存现状：良好

编号：20
建筑物现在名称：民族文化宫
原有名称：民族文化宫
地址：复兴门内大街
建成时间：1959年
历史价值：传统建筑与现代建筑在高层建筑里相结合的典范，国庆十周年十大工程之一
保存现状：良好

编号：21
建筑物现在名称：民族饭店
原有名称：民族饭店
地址：复兴门内大街
建成时间：1959年
历史价值：探索新结构与民族形式相结合的成功范例，国庆十周年十大工程之一
保存现状：良好

编号：22
建筑物现在名称：福绥境大楼
原有名称：公社大楼
地址：福绥境
建成时间：1958年
历史价值：特殊历史条件下的特殊建筑形式，北京仅存两处之一
保存现状：主体结构尚好，内部损坏严重

编号：23
建筑物现在名称：地质礼堂
原有名称：地质礼堂
地址：西四羊肉胡同
建成时间：1959年
历史价值：前身是著名地质学家李四光的讲课场所"李四光讲习堂"，举办了首届中国电影节
保存现状：1998年6月曾进行全面装修改造

编号：24
建筑物现在名称：首都体育馆
原有名称：首都体育馆
地址：白石桥路
建成时间：1968年
历史价值：创造了多个"第一"
保存现状：正在维修当中

编号：25
建筑物现在名称：北京长途电话大楼
原有名称：北京长途电话大楼
地址：复兴门内大街
建成时间：1976年
历史价值：基础建于1959年，1961年因国民经济困难停工，1971年重新设计
保存现状：良好

编号：26
建筑物现在名称：北京音乐厅
原有名称：北京音乐厅
地址：西长安街六部口
建成时间：1985年
历史价值：北京第一个专业音乐厅
保存现状：外立面已改建

编号：27
建筑物现在名称：中银大厦
原有名称：中银大厦
地址：西单路口北侧
建成时间：2000年
历史价值：著名设计师贝聿铭作品，对模数的运用
保存现状：良好

五、北京西城区现存清代王府调查相关资料

王府是北京四合院等级最高、规制最为严谨的建筑类型。北京旧城西城区是清代王府的聚集地，北京俗语"东富西贵"中的"西贵"就是指西城区的王府，2010年起，本人指导北京建筑大学研究生何晓龙同学，对西城区现存清代王府进行了调查，现引录相关调查成果如下表。

北京西城现存清代王府情况调查表

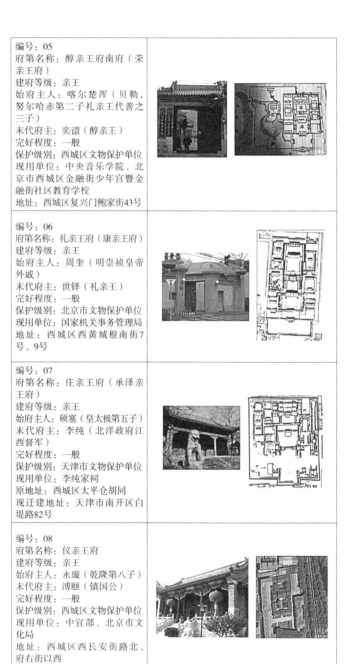

编号：01	编号：05
府第名称：恭亲王府（和珅宅、庆王府） 建府等级：亲王 始府主人：和珅（乾隆朝重臣） 末代府主：溥伟（恭亲王） 完好程度：较好 保护级别：全国重点文物保护单位 现用单位：文化部恭王府管理中心 地址：西城区柳荫街甲14号	府第名称：醇亲王府南府（荣亲王府） 建府等级：亲王 始府主人：喀尔楚浑（贝勒，努尔哈赤第二子礼亲王代善之三子） 末代府主：奕譞（醇亲王） 完好程度：一般 保护级别：西城区文物保护单位 现用单位：中央音乐学院、北京市西城区金融街少年宫暨金融街社区教育学校 地址：西城区复兴门鲍家街43号
编号：02	编号：06
府第名称：郑亲王府（简亲王府） 建府等级：亲王 始府主人：济尔哈朗（努尔哈赤的侄子） 末代府主：昭煦（郑亲王） 完好程度：一般 保护级别：北京市文物保护单位 现用单位：国家教育部 地址：西城区金融街大木仓胡同	府第名称：礼亲王府（康亲王府） 建府等级：亲王 始府主人：周奎（明崇祯皇帝外戚） 末代府主：世铎（礼亲王） 完好程度：一般 保护级别：北京市文物保护单位 现用单位：国家机关事务管理局 地址：西城区西黄城根南街7号、9号
编号：03	编号：07
府第名称：醇亲王北府（成亲王府） 建府等级：亲王 始府主人：明珠（康熙朝任宰相） 末代府主：载沣（醇亲王） 完好程度：较好 保护级别：全国重点文物保护单位 现用单位：国家宗教事务管理局、宋庆龄故居 地址：后海北沿44号、46号	府第名称：庄亲王府（承泽亲王府） 建府等级：亲王 始府主人：硕塞（皇太极第五子） 末代府主：李纯（北洋政府江西督军） 完好程度：一般 保护级别：天津市文物保护单位 现用单位：李纯家祠 原地址：西城区太平仓胡同 现迁建地址：天津市南开区白堤路82号
编号：04	编号：08
府第名称：庆亲王府 建府等级：亲王 始府主人：琦善（道光朝大学士） 末代府主：奕劻（庆亲王） 完好程度：较好 保护级别：北京市文物保护单位 现用单位：京津卫戍区司令部 地址：西城区定阜街3号	府第名称：仪亲王府 建府等级：亲王 始府主人：永璇（乾隆第八子） 末代府主：溥颐（镇国公） 完好程度：一般 保护级别：西城区文物保护单位 现用单位：中宣部、北京市文化局 地址：西城区西长安街路北、府右街以西

续表

编号：09
府第名称：定亲王府
建府等级：亲王
始府主人：永璜（乾隆长子）
完好程度：一般
保护级别：暂无
现用单位：西墙处为砂锅居，九三学社办公用房暂用，仅余建筑
地址：西四南大街缸瓦市以东、颁赏胡园以南

编号：10
府第名称：敬谨亲王府（桂公府）
建府等级：亲王
始府主人：尼堪（努尔哈赤长子褚英之子）
末代府主：全荣（镇国公）
完好程度：一般
保护级别：暂无
现用单位：东院为西城外事职业高中餐厅，西院为武警总部招待所
地址：西单路口南侧

编号：11
府第名称：阿拉善王府（罗王府）
建府等级：亲王
始府主人：罗布道尔吉
末代府主：达理扎雅（亲王）
完好程度：较差
保护级别：西城区文物保护单位
现用单位：公安部宿舍
地址：什刹海后海南岸，恭王府东侧毡子胡同7号

编号：12
府第名称：棍贝子府（诚亲王府、固山贝子弘暻府、庄静固伦公主府、四公主府、土默特郡王府）
建府等级：亲王
始府主人：诚亲王允祉（康熙第三子）
末代府主：棍布札布（贝子）
完好程度：较差
保护级别：西城区文物保护单位
现用单位：北京积水潭医院、北京市药品检验所
地址：新街口东街31号

编号：13
府第名称：端郡王府（果亲王府、瑞亲王府）
建府等级：亲王
始府主人：允礼（康熙第十七子）
末代府主：载漪（端郡王）
完好程度：几无残存
保护级别：暂无
现用单位：中国儿童中心（东部）和中共中央纪律检查委员会
地址：平安里西大街路北

编号：14
府第名称：恂郡王府（九公主府、毓橚贝子府）
建府等级：郡王
始府主人：允禵（康熙第十四子）
末代府主：毓橚（贝子）
完好程度：几无残存
保护级别：暂无
现用单位：遗址位于西直门宾馆（隶属于总政招待所）
地址：西直门内大街172号

编号：15
府第名称：顺承郡王府
建府等级：郡王
始府主人：勒克德浑（努尔哈赤第二子礼亲王代善之第三子）
末代府主：文葵（顺承郡王）
完好程度：较好
保护级别：北京市文物保护单位
现用单位：遗址位于全国政协，朝阳公园搬迁重建
地址：原址位于西城区赵登禹路，复建于朝阳区朝阳公园东侧现为一酒店

编号：16
府第名称：克勤郡王府（平郡王府）
建府等级：郡王
始府主人：岳托（努尔哈赤第二子礼亲王代善之长子）
末代府主：崧杰子晏森（克勤郡王）
完好程度：较差
保护级别：北京市文物保护单位
现用单位：新文化街第二小学
地址：西城区新文化街(原石驸马大街)西口路北

六、北京四合院测绘图录

20世纪末，在相关区政府的支持下，中国著名古建筑专家王世仁先生主持了对宣武区、东城区现存近代建筑及胡同、四合院调查，并出版了《宣南鸿雪图志》和《东华图志》两本高水平的学术著作，本人有幸参与此项调查、测绘工作。现选录书中的几个测绘实例，敬请各位读者朋友赏阅。

1. 板厂胡同27号宅院[1]

位于交道口地区南锣鼓巷历史保护区内，西近南锣鼓巷，南依炒豆胡同，北靠东棉花胡同。

此组院落本为一个大宅，现分为27号、29号两部分。其形制规整，具有晚清建筑风格。27号为三进四合院。现存建筑布局为广亮大门一间，门内有独立硬山影壁，西侧有屏门四扇，一进院有倒座房东一间，西六间；二进院有一殿式垂花门一座，两侧抄手游廊连接正房和东西厢房，正房三间，带前廊，两侧耳房各两间，东西厢房各三间，并各有南耳房一间；两侧角廊又向北经两耳房进后院，现东侧已封堵。西北角走廊北端再过月亮门可进后院，院内后罩房七间。

该院落新中国成立后一直作为单位的宿舍，保存较好。于1986年1月21日公布为东城区文物保护单位。

2. 陕西巷52号茶室[2]

位于陕西巷中部路东，建于清末民初，原为妓院，传为民国初年名妓小凤仙所在的云吉班旧址。

建筑占地东西37m，南北9~16m，两层，砖木结构。用地狭长，采用两个"凹"字形并列合成的"山"字形平面。开口朝南，形成两个相近的三合内庭，便于各房间的通风采光。入口在临街的南间，通过门道进入第一进院，在楼的东北角有楼梯至二楼，二楼有走马廊联系各房间。在第一进院的东南角有过道至第二进院，院的南边有楼梯至二楼。这一平面实际上是"凹"字形平面的扩大变体。

建筑立面比较简单，临街的西立面为三间，一层的南面两开间开门，北面一间开窗，均用拱券。南面入口上方有匾，字已不详。二层无窗，是当时的实用需要。

3. 怡亲王府[3]

位于朝阳门内大街137号，原为贝勒允祁的府第。此府后被称为"九爷府"。后此府曾经先后用做北平大学女子文理学院校舍，国民党励志社北平总部。此府现为国家重点文物保护单位。

王府布局分为东、中、西三路，其中中路保存最好，西路也基本保存着原有的主要建筑，东路则损毁比较严重，剩下的建筑已经不多。

[1] 陈平、王世仁著，《东华图志（上）》，天津古籍出版社，2005年。

[2] 王世仁等主编，《宣南鸿雪图志》，中国建筑工业出版社，1997年。

[3] 陈平、王世仁著，《东华图志（上）》，天津古籍出版社，2005年

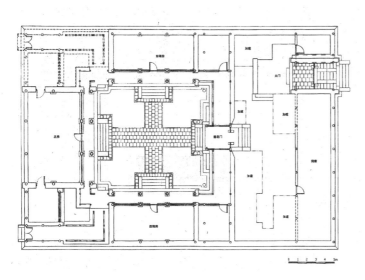

板厂胡同27号总平面图（引自:《东华图志》）

板厂胡同27号正房南立面图（引自:《东华图志》）

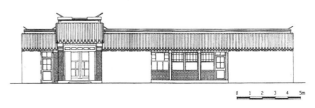

板厂胡同27号北立面图（引自:《东华图志》）

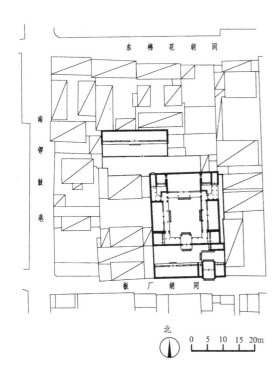

板厂胡同27号宅院区位图（引自:《东华图志》）

板厂胡同27号宅院纵剖面图（引自:《东华图志》）

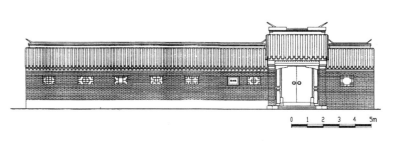

板厂胡同27号南立面图（引自:《东华图志》）

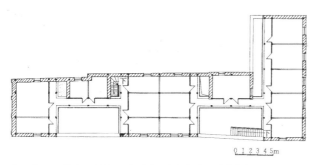

陕西巷52号茶室二层平面（引自:《宣南鸿雪图志》）

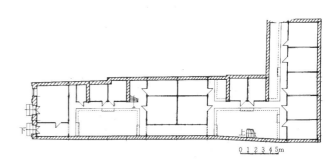

陕西巷52号茶室一层平面（引自:《宣南鸿雪图志》）

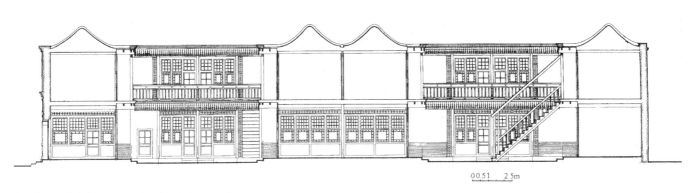

陕西巷52号茶室剖面图（引自:《宣南鸿雪图志》）

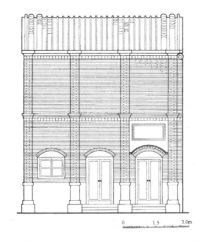

陕西巷52号茶室正立面图（引自:《宣南鸿雪图志》）

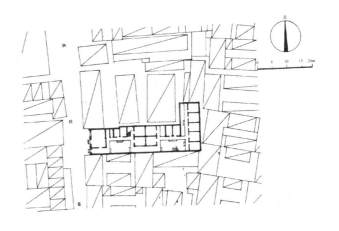

陕西巷52号茶室总平面图（引自:《宣南鸿雪图志》）

怡亲王府府门横剖面图
（引自:《东华图志》）

怡亲王王府寝殿横剖面图
（引自:《东华图志》）

怡亲王王府正殿横剖面图
（引自:《东华图志》）

怡亲王王府后罩楼横剖面图
（引自:《东华图志》）

　　中路是王府的核心所在，共有五进院落，中轴线长度达两百多米，规模宏敞，气势逼人。最南为外门，面阔七间，中启三门，只在重大仪典时才会三门同时开启。大门五间，门前左右分设石狮子各一座；门东西各带转角房六间。入门为第二进院，中建大殿七间。大殿与二门之间为第三进院，比较狭长。二门之北为后寝区域。寝殿之后为最后一进院落，有后罩楼七间。

　　此布局堪称清代王府最典型的格式，即三条轴线。中轴线为礼仪空间，西轴线为宅舍居住空间，东轴线为轩馆休闲空间；服务用房则分别置于两侧轴线的前部。总之，这座王府布局严谨规整，施工精良，殿宇、屋舍等级鲜明，建筑类型较多，空间变化丰富。同时，孚王府的平面与《大清会典》的规定基本契合，且与《京城全图》上的怡亲王府大致吻合，说明其布局仍保持着清代中期的原貌，为研究清代王府建筑的宝贵实例。

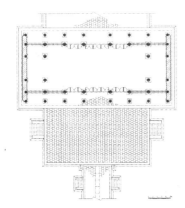

怡亲王王府正殿平面图
（引自：《东华图志》）

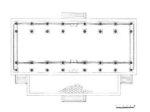

怡亲王王府寝殿平面图
（引自：《东华图志》）

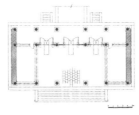

怡亲王府府门平面图
（引自：《东华图志》）

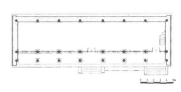

怡亲王王府后罩楼一层平面图
（引自：《东华图志》）

怡亲王府总平面图
（引自：《东华图志》）

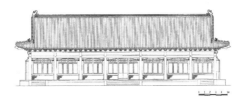

怡亲王王府寝殿南立面图
（引自：《东华图志》）

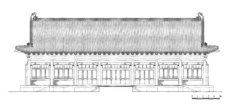

怡亲王王府正殿南立面图
（引自：《东华图志》）

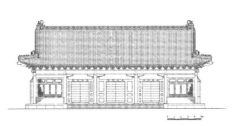

怡亲王府府门南立面图
（引自：《东华图志》）

怡亲王王府后罩楼南立面图
（引自：《东华图志》）

4. 潞安会馆[1]

位于珠市口西大街53号，其范围东西16m，南北53m，约建于清代中期。

会馆坐北朝南，平面呈矩形，格局规整，是城南保存较好的四合院之一。会馆大门在东南角，面阔一间。第一进院正房面阔三间。东西两配房面阔各三间，进深五檩，形制与正房相同。倒座房五间。

第二进正房面阔五间。东西配房各三间，与五间倒座房连成一体，进深均为五檩，成三面围合的转角房。倒座房正中开有过道门。

会馆原有第三进院，除正房五间外，已不完整，现在由北面车辇胡同开门。

[1] 王世仁等主编，《宣南鸿雪图志》，中国建筑工业出版社，1997年

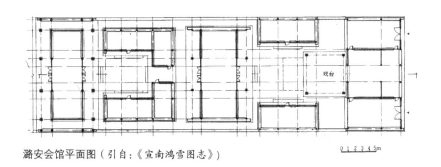

潞安会馆平面图（引自：《宣南鸿雪图志》）

潞安会馆横剖面图（引自：《宣南鸿雪图志》）

潞安会馆戏台侧立面图
（引自：《宣南鸿雪图志》）

潞安会馆总平面图
（引自：《宣南鸿雪图志》）

潞安会馆戏台平面
（引自：《宣南鸿雪图志》）

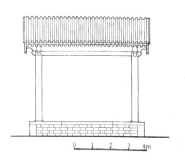

潞安会馆戏台正立面图
（引自：《宣南鸿雪图志》）

[1] 陈平、王世仁著，《东华图志（上）》，天津古籍出版社，2005年

5. 可园[1]

可园是大学士文煜宅的花园，根据可园中文煜的侄子志和所撰的园记石碑，可知此园落成于咸丰十一年（1861年）。

可园南北长约97m，东西宽约26m，面积约四亩左右，分为前后两院，前院中心为假山。前后院各有一座正厅、正房位于正中位置，面南背北，并在西厢的位置上各有一座小厅，与东部的长廊相均衡。

进入东南角的大门，垒有假山，有屏障作用，山上建有一座六角亭。向西穿洞而过，绕过西厅之前，可行至水池的小石桥上。水池面积虽小，但形状曲折，并引出两脉支流，一脉从石桥下穿过至西面院墙，另一脉穿过假山到六角亭下。前院正厅为一座五开间的硬山建筑，体量较大，有耳房和游廊。

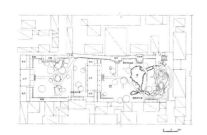

可园总平面图（引自：《东华图志》）

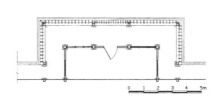

可园水榭平面图（引自：《东华图志》）

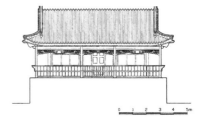

可园水榭立面图（引自：《东华图志》）

可园水榭剖面图
（引自：《东华图志》）

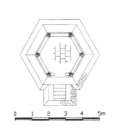

可园六角亭平面图
（引自：《东华图志》）

可园六角亭剖面图
（引自：《东华图志》）

可园六角亭立面图
（引自：《东华图志》）

可园纵剖面图（引自：《东华图志》）

从正厅东侧穿廊过去，再沿着一条绿竹夹道的斜径行至院中。后院正房是五开间。东部假山上的轩馆是全园的最高处。这座建筑最为精巧，直接临山对石，前有一株大槐树，坐凳为美人靠，较为别致。

可园建筑均用灰色筒瓦，墙面以清水砖墙为主。厅榭等均为红柱，长廊为绿柱。全园存在明显的中轴线，布局疏朗有致，建筑精巧大方，山石玲珑，水池曲折，有很多名贵树种，至今保存尚好，是晚清北京私家园林富有代表性的作品。

七、部分列入文物保护单位的北京四合院名单

20世纪末，王其明先生在其所著的《北京四合院》一书中，选录了一批具有珍贵价值的现存北京四合院名单，现转引如下，供广大读者参阅。

部分列入文物保护单位的北京四合院名单

编号	文保（级别）	地址	住者或曾住者姓名	备注
1	国家级	东四六条63号、65号	崇礼	规模大、环境美
2		后海北沿46号	宋庆龄	原为溥仪之父载沣之王府花园，后宋庆龄先生曾在此居住
3		前海西街17号恭王府及花园	奕䜣	建筑精美，花园被认为可能是"大观园"之原型
4		前海西沿18号	郭沫若	原为恭王府马号，后为同仁堂乐家花园
5	市级	景山东街吉安所左巷8号	毛泽东	1918年毛主席第一次来北京时的住所
6		内务部街11号	明瑞	原为清宣宗寿恩公主府，规模大，建筑完整
7		帽儿胡同7号、9号	文煜	清末大学士文煜的花园——可园
8		帽儿胡同35号、37号	婉容	清末皇后的娘家
9		礼士胡同129号	李颂臣	原为武昌知府宾俊住宅，后经李颂臣改建
10		后圆恩寺7号	载勣	中西合璧式
11		地安门东大街23号	顾维钧	保存尚可
12		朝内大街路北孚郡王府		符合《大清会典》王府形制
13		国祥胡同2号那王府		仅存两所四合院
14		张自忠路7号和敬公主府		中路主要厅堂保存完好
15		府学胡同36号	志和	民国年间多次出售转让，现由文物管理部门使用
16		方家胡同13号、15号循郡王府	永璋	现为校办工厂及单身宿舍
17		西黄城根南街9号礼亲王府	代善	代善是清太祖的次子
18		西四北三条11号		单位使用
19		西四北三条19号		保存完好，幼儿园使用
20		西四北六条23号		保存完好，幼儿园使用

续表

编号	文保（级别）	地址	住者或曾住者姓名	备注
21	市级	西交民巷87号、北新华街112号		原是北京双合盛啤酒厂创办人的住房
22		定阜大街3号庆亲王府	奕劻	保存尚好，单位使用
23		辟才胡同内跨车胡同13号	齐白石	20世纪30年代以后齐白石的住所
24		新文化街西口路北克勤郡王府	岳讬	小学使用
25		新文化街文华胡同24号	李大钊	李大钊1920—1924年的住所，现为陈列馆
26	市级	赵登禹路顺承郡王府	勒克德浑	中路保持完整，单位使用（已拆除）
27		大木仓胡同35号郑亲王府	济尔哈朗	东路尚好，单位使用
28		前公用胡同15号		西城区少年宫使用
29		护国寺街9号	梅兰芳	保存完好，现为纪念馆
30		阜成门内宫门口西三条	鲁迅	1924年鲁迅住所，现改建纪念馆
31		后海北沿44号醇亲王府	奕𫍽	保存完好，现为单位使用
32		米市胡同43号	康有为	南海会馆
33		海柏胡同16号	朱彝尊	保存尚好，顺德会馆
34	区级	魏家胡同18号	马辉堂	保存尚可，戏楼无存，现为单位宿舍
35		什锦花园19号		保存尚可，现为单位宿舍
36		东四八条71号	叶圣陶	保存完好，现为私人住宅
37		东四六条55号	沙千里	保存尚可
38		东总布胡同53号	陈觉生	保存完好，陈觉生20世纪30年代任北京铁路局局长
39		东四四条5号	绵宜	保存尚好，绵宜是道光皇帝同辈宗室，曾任尚书
40		东黄城根南街32号	俊启	保存较差，现为单位宿舍。俊启，光绪年间曾任内务府大臣
41		北总布胡同2号	孙连仲	原为勒克菲勒基金会董事长所建，中西合璧式
42		细管胡同9号	田汉	保存完好
43		史家胡同51、53、55号	章士钊	保存尚好，北部为私人住宅，余为单位使用
44		赵堂子胡同3号	朱启钤	朱启钤设计改建，现为单位宿舍，20世纪30年代中国营造学社在此创立
45		板厂胡同30号、32号僧王府	僧格林沁	原府西路尚可，其余部分已残缺不全
46		板厂胡同27号		保存尚可，单位宿舍
47		雨儿胡同13号	齐白石	保存尚可，齐白石曾居住过，现为单位宿舍
48	区级	张自忠路5号	欧阳予倩	保存尚可，单位宿舍
49		菊儿胡同3号、5号，寿比胡同6号	荣禄	保存较差，单位宿舍
50		仓南胡同5号	段祺瑞	原康熙二十二子永祜府，民初改建，大部被拆。现为单位宿舍

续表

编号	文保（级别）	地址	住者或曾住者姓名	备注
51		美术馆东街25号	慈禧侄女（传说）	保存尚可，现为单位宿舍
52		前永康胡同7号、9号		保存尚可，现为单位宿舍
53		秦老胡同35号	索家	原为索家的宅园，后改建为三进四合院
54		朝内芳嘉园11号，桂公府	桂祥	桂祥为慈禧之弟承恩公。现东路为单位宿舍，中西路为幼儿园
55		黄米胡同5号、7号、9号	麟庆	东部住宅部分现保存尚可，西部为李渔为他人设计的半亩园
56		麻线胡同3号	梁敦彦	保存尚可，现为单位宿舍
57		东交民巷正谊路淳亲王府		仅存改建的四合院一所，现为单位使用
58		黑芝麻胡同13号	奎俊	奎俊曾任清末兵部尚书，保存尚可，现为小学校，单位宿舍
59		帽儿胡同11号	文煜	保存尚可，现为单位宿舍
60		灯市口西街富强胡同6号、甲6号、23号		保存尚可
61		鼓楼东大街255号		保存尚可
62		东堂子胡同75号	蔡元培	保存尚可
63		砖塔胡同南四眼井2号	刘少奇	保存尚可
64		板桥头条1号		保存尚可，现为单位宿舍
65		阜成门内大街97号		西院保存完整，现为单位使用
66		西单北大街110号洵贝勒府	载洵	局部尚可，现为单位使用
67		西堂子胡同50号	徐特立	
68		柳荫街27号涛贝勒府		部分尚可，现为中学
69		小翔凤胡同5号鉴园		园林部分尚可，现为单位使用
70		翠花街5号		保存尚可，现为单位宿舍
71		太平湖南里醇亲王南府		部分尚可，现为中央音乐学院
72		西绒线胡同51号崇公府		保存尚好，现为四川饭店使用
73		宣武门外山西街甲13号	荀慧生	保存尚好
74		北半截胡同41号	谭嗣同	浏阳会馆
75		珠市口西大街241号	纪晓岚	现为晋阳饭庄使用
76		上斜街金井胡同1号	沈家本	保存尚好
77		椿树下三条1号	尚小云	保存尚可

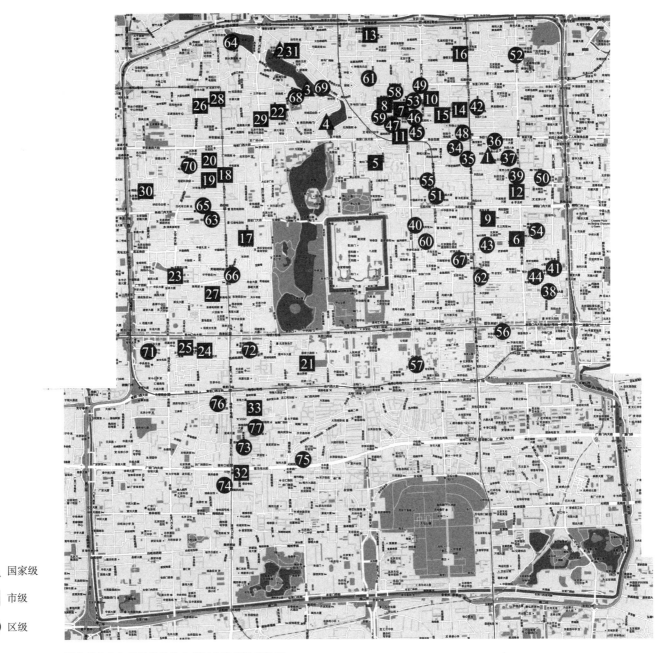

部分列入文物保护单位的北京四合院名单区位图

国家级

市级

区级

八、北京胡同、四合院摄影艺术作品选录

　　以下10幅照片选自《北京胡同》（中国民族摄影艺术出版社）、《北京胡同》（五洲传播出版社）、《四合院情思》（中国民族摄影艺术出版社）三本画册。作品摄于20世纪90年代至21世纪初，是珍贵的历史影像，谨供读者欣赏。

童年

老宅

元代砖塔胡同

过街楼

隆冬

盛夏

遛鸟

书摊

下棋

银锭桥

九、老北京人的记忆——建筑、山水、花鸟组画

自20世纪90年代以来，作者创作了一批反映老北京人喜爱的绘画题材作品，包括速写、彩铅、国画。现选录三组绘画艺术作品，并附文字说明，敬请读者欣赏与指正。

1．速写

这组速写创作于20世纪90年代，画中反映了老北京城市、胡同、四合院的生活场景，希望唤起人们对往日生活的美好记忆。

正阳门

东四牌楼

小街

四合院

胡同

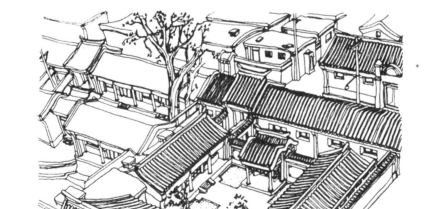

四合院

小康之家

百姓小院

垂花门

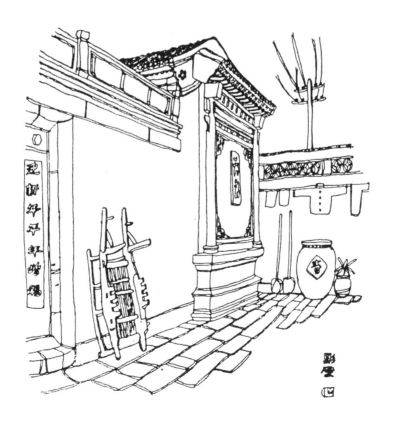

影壁

2. 彩铅

彩铅是建筑画的一种表现形式。作者将传统白描技法融于彩铅画中，力图创作出老北京人喜闻乐见的新画法。

春绿永定河

西山揽胜图

燕京大富贵

北海荷花香

京郊老玉米

旧都疏果图

3. 国画

所选国画创作于21世纪初，画中体现了老北京人喜爱的山水花鸟绘画题材，现呈现给读者。

春韵

雏鸡游戏图

柿子

秋实

燕赵初雪图

双鹤延年图

参考文献

［1］（元）熊梦祥. 析津志辑佚. 北京：北京古籍出版社，1983.

［2］（明）张爵. 京师五城坊巷胡同集. 北京：北京古籍出版社，1983.

［3］（清）朱一新. 京师坊巷志稿. 北京：北京古籍出版社，1983.

［4］（清）吴长元. 宸垣识略. 北京：北京古籍出版社，1981.

［5］（清）余敏中等. 日下旧闻考. 北京：北京古籍出版社，1981.

［6］曹子西主编. 北京通史. 北京：中国书店，1997.

［7］陈文良主编. 北京传统文化便览. 北京：北京燕山出版社，1992.

［8］张常涛. 胡同及其他——社会语言学的探索. 北京：北京语言学院出版社，1990.

［9］梁思成. 清工部工程做法则例图解. 北京：清华大学出版社，2006.

［10］侯仁之主编. 北京历史地图集. 北京：北京出版社，1997.

［11］吴良镛. 人居环境科学导论. 北京：中国建筑工业出版社，2001.

［12］刘致平著，王其明增补. 中国居住建筑史——城市、住宅、园林. 北京：中国建筑工业出版社，1996.

［13］翁立. 北京的胡同. 北京：北京燕山出版社，1992.

［14］北京文物事业管理局. 北京名胜古迹辞典. 北京：北京燕山出版社，1989.

［15］王其明. 北京四合院. 北京：中国书店，1999.

［16］邓云乡. 北京四合院. 北京：人民日报出版社，1990.

［17］王世仁主编. 宣南鸿雪图志. 北京：中国建筑工业出版社，1997.

［18］陈平，王世仁. 东华图志. 天津：天津古籍出版社，2005.

［19］金寄水，周沙尘. 王府生活实录. 北京：中国青年出版社，1988.

［20］孙大章. 中国民居研究. 北京：中国建筑工业出版社，2004.

［21］马炳坚. 北京四合院建筑. 北京：学苑出版社，1999.

［22］业祖润. 北京民居. 北京：中国建筑工业出版社，2009.

［23］陆翔，王其明. 北京四合院. 北京：中国建筑工业出版社，1996

［24］北京市文物研究所，吕松云，刘诗中. 中国古代建筑辞典. 北京：中国书店，1987

［25］刘宝全. 北京胡同. 北京：中国旅游出版社，2008.

［26］王彬. 北京街巷图志. 北京：作家出版社，2004.

［27］北京市规划委员会. 北京旧城25片历史文化保护区保护规划. 北京：北京燕山出版社，2002.

［28］北京市规划委员会. 北京历史文化名城保护规划. 北京：中国建筑工业出版社，2002.

［29］尼跃红. 北京胡同四合院类型学研究. 北京：中国建筑工业出版社，2009.

［30］郝霞. 北京旧城历史文化保护区的存在与发展. 北京建筑大学研究生论文，2005.

［31］刘洋. 北京西城历史文化概要. 北京：北京燕山出版社，2010.

［32］万勇. 旧城的和谐更新. 北京：中国建筑工业出版社，2010.

［33］杨建强，吴明伟. 现代城市更新. 北京：东南大学出版社，1999.

［34］郝娟. 西欧城市规划理论与实践. 天津：天津大学出版社，1997.

［35］李秋香，罗德胤，贾珺. 北方民居. 北京：清华大学出版社，2010.

［36］陈怡. 北京历史文化保护区居民居住环境研究. 北京建筑大学研究生论文，2009.

［37］何晓龙. 北京西城区现存清代王府建筑研究. 北京建筑大学研究生论文，2011.

后 记

　　1991年夏，我受恩师王其明先生之托，去建设部大院拜访王伯扬先生，商讨关于出版社北京四合院书稿事宜。王伯扬先生时任中国建筑工业出版社副总编，又承担了大量的社会工作，先生百忙之中抽时间与我长谈，指导我按照规范的方式撰写学术专著。先生治学严谨，为人厚道，给我留下了深刻的印象。此后的数年中，王伯扬先生多次亲临指导，在书名、大纲内容、照片、插图等方面提出了宝贵的建议，并为书配上诗文，可谓关爱备至！1996年《北京四合院》一书正式出版，后得到业界的好评。

　　2012年秋，由于业务往来，我有幸认识了中国建筑工业出版社费海玲主任。她年轻有为，做事细致，乐于助人，对我提供了许多帮助，至今感激不尽。2012年春，应费老师之邀，我们欣然接受了《北京四合院》再版项目。经过数年的创作，文稿终于完成，王伯扬先生亲自为书写序，费海玲老师做了大量的编辑工作。值此之际，我们表示衷心的感谢！

　　《北京四合院》再版一书，是在社会各方面支持与帮助下所完成的学术专著。我们希望，通过此书为北京古都风貌工作尽绵薄之力，为传播中国优秀传统建筑文化做一点事，为广大读者提供一个了解北京四合院的"窗口"。鉴于学识有限，文中不实之处敬请业界专家指正。同时也期望广大读者提出宝贵的意见与建议。谢谢！

致　谢

在新版《北京四合院》的撰写过程中，我们得到了社会各方面的支持与帮助。借此机会，我们深表谢意。

感谢我的导师王其明先生。先生学识渊博，待人宽容，授业解惑，为人师表，感谢之情溢于言表。

感谢北京建筑大学和建筑与城市规划学院。母校的培养恩重如山，领导与同事的关照体贴入微，本人知恩图报。

感谢国家新闻出版广电总局和中国建筑工业出版社。此书的再版，得到了贵单位的大力支持与帮助。

感谢本人十余年来所指导的研究生。特别是李春青、梁蕾、陈怡、赵长海、王焕燃、何晓龙、杨大洋、王珊珊、孟文萍、刘志存、庄佃伦、杜娟、张学玲、万家栋、郝杰、李威、周坤朋等同学，在实地调研过程中，他们做了大量的工作。

感谢葛剑平主委、陆元鼎主任、王伯扬总编、张爱林校长、业祖润教授、费海玲主任为本书润色，包括题字、作序、赠图、策划、编辑、审议等事宜，使我们能够顺利完成出版任务。

感谢我的父母、岳父母、妻女和亲属们。多年来他们默默奉献，爱妻爱女还参与了本书资料英文翻译工作。家庭的温暖与支持，使我有时间从事学术研究，并承担相关的社会工作。

感谢业界同人和尊敬的读者。本人学术功底有限，文中不妥之处敬请各位专家和广大读者提出宝贵的意见。

在此，特别感谢民盟中央、中共北京市委统战部、民盟北京市委、西城区政协、中共西城区委统战部、民盟西城区委、北京建筑大学党委、统战部等相关单位。多年来在党盟组织的领导下，本人在思想、品行、能力等方面得到了显著提升，能够利用所学专业参政议政，为社会尽绵薄之力。本人将继续努力，为北京建设生态、文明、宜居之都做出新的更大的贡献。

图书在版编目（CIP）数据

北京四合院／陆翔，王其明著. — 2版. —北京：中国
建筑工业出版社，2016.2（2021.5 重印）
ISBN 978-7-112-18933-5

Ⅰ.①北… Ⅱ.①陆…②王… Ⅲ.①北京四合院–建筑
艺术–图集 Ⅳ.①TU241.5-64

中国版本图书馆CIP数据核字（2015）第319797号

责任编辑：王伯扬　费海玲　张幼平
书籍设计：张悟静
责任校对：刘　钰　姜小莲
英文翻译：陆晓彤

北京四合院（第二版）
陆　翔　王其明　著

*
中国建筑工业出版社出版、发行（北京西郊百万庄）
各地新华书店、建筑书店经销
北京锋尚制版有限公司制版
北京中科印刷有限公司印刷
*
开本：880×1230毫米　1/16　印张：22　字数：511千字
2017年1月第一版　2021年5月第二次印刷
定价：98.00元
ISBN 978-7-112-18933-5
（28118）